U0344570

中国

ZHONGGUO ZHUYAO YINGTAO PINZHONG

主要樱桃品种

闫国华　张开春　主编

中国农业出版社

北　京

编 委 会

主　编　闫国华　张开春

编　委　张开春　闫国华　王晓蓉　潘凤荣　张福兴　刘庆忠

　　　　孙玉刚　蔡宇良　李洪雯　李　明　赵艳华　聂国伟

　　　　张晓明　王　晶　周　宇　段续伟

前 言
FOREWORD

　　樱桃是落叶果树中最早成熟的水果之一，外观美丽，风味浓郁，深受国人喜爱。樱桃属于蔷薇科李属（*Prunus* L.）樱亚属（Subgen. *Cerasus*），其中经济价值高的种有欧洲甜樱桃（*P. avium*）、中国樱桃（*P. pseudocerasus*）、欧洲酸樱桃（*P. vulgaris*）等。据中国园艺学会樱桃分会统计，目前我国已成为樱桃生产和消费第一大国，樱桃已发展成为全国性果树，现有甜樱桃栽培面积约23.33万hm²、中国樱桃栽培面积约3.33万hm²，总产量约170万t。

　　品种资源是樱桃产业发展的基础和前提。自20世纪70年代大连市农业科学研究院育成我国第一个甜樱桃新品种红灯，并成为我国主栽品种以来，随着樱桃产业的蓬勃发展，我国甜樱桃品种资源工作也取得了长足的进展。一方面，不断引进国外甜樱桃新品种，进行评价、试种和推广，极大地丰富了我国樱桃产业的品种构成，如美早、萨米脱、布鲁克斯及雷尼等。另一方面，国内多家单位积极开展甜樱桃新品种选育工作，以优质丰产、成熟期、耐贮运及提高适应性等为主要育种目标，先后培育甜樱桃新品种近50个。

　　中国樱桃是我国最重要和古老的栽培果树之一，分布极其广泛，目前在四川、山东、浙江等地形成成片规模种植。中国樱桃经过长期驯化栽培，有较多地方品种和部分广泛栽培的优良品种，如红妃樱桃、玛瑙红樱桃等。同时有关单位开展中国樱桃新品种选育，并有优良品种问世。

　　樱桃砧木对栽培品种的树性、产量和品质影响很大，砧木育种是解决"樱桃好吃树难栽"问题的重点环节。我国樱桃砧木主要育种目标包括：适应国内土壤和生态气候条件，促进接穗早实、丰产，树体健壮，抗逆性强，易繁育。通过远缘杂交等途径，我国各育种单位已先后选育出10余个砧木新品种，并在生产上推广应用，表现出了良好的发展潜力。

　　本书收录了近年来从国外引进的甜樱桃品种45个，我国育成的具有自主知识产权甜樱桃品种45个、中国樱桃品种26个、酸樱桃品种6个、樱桃砧木品种14个，旨在总结和展示我国樱桃种质资源工作的阶段性成果，同时为促进樱桃产业的品种更新换代提供参考，助力我国樱桃产业的提质增效和健康发展。

　　参加本书编写的单位及采用材料情况如下：北京市林业果树科学研究院48个、四川农业大学22个、大连市农业科学研究院18个、烟台市农业科学院果树科学研究所12个、山东省果树研究所刘庆忠课题组11个与孙玉刚课题组8个、西北农林科技大学8个、四川省农业科学院园艺研究所6个、中国农业科学院郑州果树研究所5个、河北省农林科学院昌黎果树研究所4个、山西省农业科学院果树研究所3个。

由于本书涉及的部分品种观察时间较短，性状表现不够完全，资料不够全面，有待今后进一步补充完善，不足和疏漏之处，敬请读者批评指正。

编　者

2021年6月

目 录
CONTENTS

第2部分　引进甜樱桃品种

第1部分

自育甜樱桃品种

1. 彩虹

来源: 北京市农林科学院林业果树研究所育成, $2n = 16$。

主要性状: 树势中庸, 树姿较开张, 花芽形成好。各类果枝均能结果, 初果期以中长果枝结果为主, 进入盛果期后以中短果枝结果为主。早果丰产性好, 定植后4年结果, 6年丰产。叶片大, 长16.3cm、宽7.4cm, 叶面平展, 椭圆倒卵形, 先端急尖, 叶基广楔形, 叶柄基部蜜腺2～3个, 近圆形。每个花芽1～3朵花, 花瓣白色, 圆形, 花冠直径4.0cm。雄蕊平均40枚, 花粉量较多。

中晚熟品种, 在北京地区6月上中旬成熟。果实近圆形, 果顶平, 平均单果重8.0g, 最大单果重10.5g, 纵径2.34cm、横径2.72cm, 果柄较长, 平均5.0cm, 适合观光采摘。初熟时果皮黄底红晕, 完熟后全面橘红色。果肉黄色, 质地脆, 去皮硬度3.68kg/cm², 汁多, 可溶性固形物含量19.4%, 果汁pH 3.62, 风味酸甜可口, 品质优良。果核椭圆形, 平均单核重0.61g, 半离核。

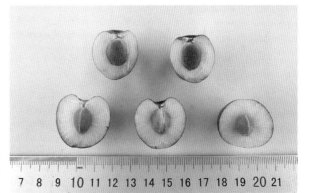

彩 虹

2. 彩霞

来源：北京市农林科学院林业果树研究所育成，$2n = 16$。

主要性状：树势中庸，树姿较开张，花芽形成好，各类果枝均能结果。初果期以中长果枝结果为主，进入盛果期后以中短果枝结果为主。早果丰产性好，定植后4年结果，6年丰产。叶片大，长15.4cm、宽6.7cm，叶面平展，椭圆倒卵形，先端急尖，叶基广楔形，叶柄基部蜜腺2～3个，近圆形。每个花芽1～3朵花，花瓣白色，圆形，花冠直径3.9cm。雄蕊平均36枚，花粉量较多。

极晚熟品种，在北京地区6月下旬成熟。果实近圆形，果顶平，平均单果重6.23g，最大单果重9.04g，纵径2.15cm、横径2.48cm，果柄较长，平均4.9cm。初熟时果皮黄底红晕，完熟后全面橘红色。果肉黄色，质地脆，去皮硬度3.68kg/cm²，汁多，可溶性固形物含量17.1%，果汁pH 3.70，风味酸甜可口。果核椭圆形，平均单核重0.58g，半离核。

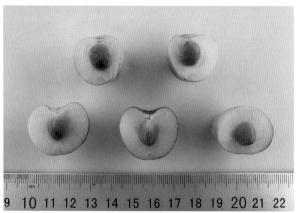

彩　霞

3. 香泉1号

来源：北京市林业果树科学研究院育成，母本为斯坦拉，父本为先锋，$2n = 16$。

主要性状：树势中庸，树姿较直立，花芽形成好。各类果枝均能结果，进入盛果期后，以短果枝和花束状果枝结果为主。早果丰产性好，定植后4年结果，6年丰产。自交结实品种。叶片长16.5cm、宽9.1cm，长宽比小。叶片颜色中绿，叶面平展，叶柄基部有鲜红色蜜腺，平均2个。花瓣白色，阔倒卵形且邻接，花冠直径3.7cm。雄蕊平均35枚，花粉量较多。

中晚熟品种，在北京地区6月中旬成熟。果实近圆形，果顶平，平均单果重8.4g，最大单果重10.1g，纵径2.46cm、横径2.68cm，果柄中长，平均3.88cm。果实颜色黄底红晕，果肉黄色，质地韧，去皮硬度3.18kg/cm²，可溶性固形物含量19.6%，果汁pH 3.80，风味酸甜可口，品质优良。果核椭圆形，平均重0.36g，半离核。

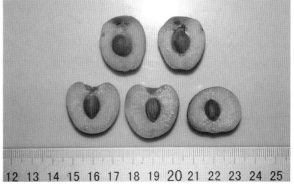

香泉1号

4. 香泉紫云

来源：北京市林业果树科学研究院育成，来自斯坦拉开放授粉，$2n = 16$。

主要性状：树势中庸，成龄树树姿开张，分枝力较强，以短果枝和花束状果枝结果为主。定植后4年结果，6年丰产，丰产稳产。叶片大，阔卵圆形，长16.07cm、宽7.56cm，叶面平展，深绿色有光泽，叶柄基部有2～3个浅色长椭圆形大蜜腺。每个花芽1～3朵花，花瓣白色，圆形，花冠直径3.4cm。雄蕊平均37枚，花粉量较多。

中熟品种，在北京地区5月下旬至6月上旬成熟。果实肾形，果顶平，平均单果重8.40g，最大单果重11.36g，纵径2.42cm、横径2.70cm，果柄较短，平均3.72cm。果实红色至紫红色，果肉肥厚多汁，质地韧，去皮硬度2.85kg/cm²，果汁红色，可溶性固形物含量19.2%，果汁pH 3.64，风味酸甜可口，品质上乘。果核椭圆形，较小，平均重0.25g，半离核。

香泉紫云

5. 红灯

来源：大连市农业科学研究院（原大连农业科学研究所）育成，$2n = 16$。该品种是我国目前广泛栽培的优良早熟品种。

主要性状：树势强健，萌芽率高，成枝力较强。幼树枝条直立粗壮，树冠不开张。定植后4年结果，6年丰产。盛果期短果枝、花束状和莲座状果枝增多，树姿逐渐半开张，连续结果能力强，保持丰产稳产。叶片大，阔椭圆形，长16.5cm、宽8.7cm，叶面平展，深绿色有光泽，叶柄基部有2～3个紫红色长肾形大蜜腺。每个花芽1～3朵花，花瓣白色，圆形，花冠直径3.4cm。雄蕊平均31枚，花粉量较多。

早熟品种，在北京地区5月中下旬成熟。果实肾形，果顶凹，平均单果重7.91g，最大单果重9.84g，纵径2.33cm、横径2.73cm，果柄短粗，平均2.32cm。果实红色至紫红色，果肉肥厚多汁，果汁红色，质地软，去皮硬度2.09kg/cm^2，可溶性固形物含量21.8%，果汁pH 3.80，风味酸甜可口，品质上乘。果核圆形，中等大小，半离核。

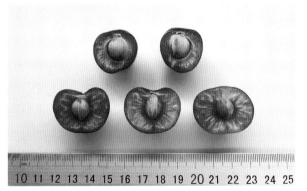

红　灯

6. 蜜露

来源：大连市农业科学研究院育成，亲本为蜜脆和美早，$2n = 16$。

主要性状：树势强健，树姿半开张，树冠中大。自花不结实，丰产稳产，定植后3年见果，5年达产（乔化砧木）。叶片阔卵圆形，长15.8cm、宽8.2cm，叶面平展，叶柄基部有2～3个红色长肾形蜜腺。每个花芽1～3朵花，花瓣白色，近圆形，花冠直径3.6cm。雄蕊平均43枚，花粉量较多。

早熟品种，大连地区6月上旬成熟。果实宽心形，果实整齐，平均单果重11.83g，最大单果重13.19g，平均纵径2.54cm、横径3.46cm，果柄长3.43cm。果肉肥厚，厚度达1.13cm，肉质脆、甜，品质上乘，可溶性固形物含量20%以上，100g果肉维生素C含量12.00mg，总酸含量0.59%，可溶性糖含量12.78%，果实可食率95.6%。果核椭圆形，中等大小，半离核。耐贮运。

蜜 露

7. 蜜脆

来源：大连市农业科学研究院育成，巨红自然杂交实生后代，$2n = 16$。

主要性状：树姿半直立，生长旺盛。自花不结实，丰产稳产。叶片长16.71cm、宽8.76cm，叶柄基部有2～3个黄红色蜜腺。每个花芽1～4朵花，花瓣白色，近圆形，花冠直径3.7cm。雄蕊平均32～36枚，雌蕊柱头与雄蕊等高或略低于雄蕊，花粉量较多。

中熟品种，大连地区6月中旬成熟。果实宽心脏形，整齐，平均单果重7～9g，最大单果重10.7g，果实平均纵径2.34cm、横径2.82cm，果柄长3.90cm、粗0.17cm。果肉厚度达1.25cm，可溶性固形物含量20%～26%，果实可食率93.3%，可溶性糖含量14.41%，总酸含量0.80%，100g果肉维生素C含量13.53mg。果实脆、甜、硬度大，耐贮运。

蜜　脆

8. 蜜泉

来源: 大连市农业科学研究院育成, 亲本为雷尼与8-100(自选优系), $2n = 16$。

主要性状: 树姿半开张, 幼树生长健壮, 进入结果期后树势中庸。自花不结实。叶片平展, 长14.7cm、宽7.0cm。每个花芽1~4朵花, 花瓣白色, 近圆形, 花冠直径4.0cm。雄蕊平均43枚, 雌蕊柱头与雄蕊等高或略低于雄蕊, 花粉量较多。

中熟品种, 大连地区6月中旬成熟。果实宽心形, 有光泽。平均单果重9.2g, 最大单果重11.8g, 平均纵径2.10cm、横径2.53cm, 果柄长6.03cm、粗0.14cm, 果顶圆、平; 果皮底色稍呈浅黄, 阳面呈鲜红, 有光泽, 外观色泽美。可溶性固形物含量22%~30%, 100g果肉维生素C含量11.7mg, 总酸含量0.54%, 可溶性糖含量13.92%, 果实可食率92.8%。肉质脆、甜, 品质上乘, 耐贮运。

蜜 泉

9. 丽珠

来源：大连市农业科学研究院育成，亲本为雷尼和8-100（自选优系），$2n = 16$。

主要性状：树姿半直立，生长旺盛。自花不结实，但丰产、稳产，早果性好，乔化砧木上定植后3年结果，5年丰产。叶片阔椭圆形，叶面平展，长19.1cm、宽6.82cm，叶柄基部有2～3个红色肾形蜜腺。每个花芽1～3朵花，花瓣白色，花冠直径3.36cm。雄蕊平均38枚，雌蕊柱头与雄蕊等高或略低于雄蕊，花粉量较多。

中熟品种，大连地区6月中旬果实成熟。果实肾形，平均单果重9～10g，最大单果重14.15g，平均纵径2.55cm、横径2.72cm。果皮红色至深红色，有光泽，外观色泽美。肉质较软，肥厚多汁，风味甜酸可口，鲜食品质上等。果肉厚度达1.31cm，可溶性固形物含量18.0%以上，可溶性糖含量11.82%，总酸含量0.81%，100g果肉维生素C含量10.57mg，各种营养成分含量较高。果实可食率为93.7%。果核近圆形、黏核。耐贮运。

丽　珠

10. 明珠

来源：大连市农业科学研究院育成，那翁与早丰杂交后代优良株系10-58的自然杂交后代，$2n = 16$。

主要性状：树势强健，生长旺盛，幼树期枝条直立生长，而且长势旺，枝条粗壮。自花不结实，丰产稳产，乔化砧木定植后4年结果，6~7年丰产。叶片特大，阔椭圆形；平均叶长15.76cm、宽7.92cm；叶面平展，叶片厚，深绿色，光亮；叶柄上着生2个肾形大蜜腺。每个花芽1~4朵花，花瓣白色，近圆形，花冠直径4.12cm。雄蕊32~39枚，雄蕊与雌蕊柱头等高，花粉量较多。

早熟品种，在大连地区6月上旬成熟。果实宽心脏形，整齐。平均单果重12.3g，最大单果重13.8g。可溶性固形物含量22.0%以上，干物质含量18%，可溶性糖含量14.75%，可滴定酸含量0.41%，可食率93.3%。果肉浅黄，肉质较软，肥厚多汁，风味甜酸可口，鲜食品质上等。

明　珠

11. 绣珠

来源：大连市农业科学研究院育成，亲本为晚红珠和13-33（自选优系），2n = 16。

主要性状：树势较强健，树姿开张。自花不结实。叶片倒卵圆形，叶片平均长16.97cm、宽8.00cm。每个花芽1～4朵花，花瓣近圆形，花冠直径4.21cm。雄蕊比雌蕊略长，雄蕊数平均为38枚，花粉量较多。

中熟品种，大连地区6月中旬成熟。果实宽心脏形，果个大，平均单果重12.5g，最大单果重16.0g。果皮底色稍呈浅黄，阳面呈鲜红色霞，有光泽，外观色泽美。果肉浅黄，肉质较软，肥厚多汁，风味甜酸可口，鲜食品质上等。可溶性固形物含量19.0%以上，可溶性糖含量11.56%，总酸含量1.00%，100g果肉维生素C含量11.8mg，果实可食率93.1%，干物质含量19.20%，较耐贮运。

绣 珠

12. 晚红珠

来源： 大连市农业科学研究院育成，为滨库×日出杂交后代19-11的自然杂交后代，$2n = 16$。

主要性状： 树势强健，生长旺盛，树姿半开张。七年生树高达3.78m，冠径5.30m，幼树期枝条虽直立，但枝条拉平后第2年即可形成许多莲座状果枝，七年生树长、中、短、花束状、莲座状果枝比率分别为16.45%、3.13%、5.63%、19.37%、55.42%。花芽大而饱满，每个花芽2～4朵花，花粉量多。在红艳、佳红等授粉品种配置良好的条件下，自然坐果率可达63%以上。该品种受花期恶劣天气的影响很小，即使花期大风、下雨，其坐果仍然良好。

大连地区7月上旬果实成熟，属极晚熟品种，鲜果售价高是其突出特点。果实圆球形，全面洋红色，有光泽。平均单果重9.80g，最大单果重11.19g。果肉红色，肉质脆，肥厚多汁，果肉厚度达1.16cm，风味酸甜可口，品质优良。可溶性固形物含量18.0%以上，干物质含量17.22%，可溶性糖含量12.37%，可滴定酸含量0.67%，单宁含量0.22%，100g果肉含维生素C含量9.95mg，果实可食率92.4%。耐贮运。

晚红珠

13. 早红珠

来源：大连市农业科学研究院育成，为滨库自然杂交实生后代，$2n = 16$。

主要性状：树势强健，生长旺盛，萌芽率高，成枝力强，枝条粗壮。自花不结实。叶片倒卵圆形，平均叶长12.40cm、宽7.10cm，有光泽；叶柄上有2个红色肾形蜜腺。花芽大而饱满，花冠直径3.73cm；雌蕊柱头与雄蕊等高或略高，花粉量较多。

早熟品种，大连地区6月初成熟。果实宽心脏形，全面紫红色，有光泽。平均单果重9.5g，最大单果重10.6g。果肉紫红色，质较软，肥厚多汁，酸甜味浓，风味品质优良，可食率89.9%，可溶性固形物含量18.0%以上，总糖含量12.52%，可滴定酸含量0.71%，较耐贮藏。核卵圆形，较大，黏核。

早红珠

14. 泰珠

来源：大连市农业科学研究院育成，亲本为雷尼和8-100（自选优系），$2n = 16$。

主要性状：树姿半直立，生长旺盛。自花不结实。叶片大，长椭圆形，长16.43cm、宽8.44cm。叶面平展，有光泽，叶柄基部有2～3个红色长肾形蜜腺。每个花芽1～3朵花，花瓣白色，圆形，花冠直径3.85cm。雄蕊平均38枚，雌蕊柱头与雄蕊等高或略低于雄蕊，花粉量较多。

大连地区6月中下旬成熟。果实肾形，全面紫红色，有鲜艳光泽和明晰果点。肉质较脆，肥厚多汁。平均单果重13.3g，最大单果重16.0g，果实纵径2.51cm、横径3.07cm，果柄长4.2cm。可溶性固形物含量19.0%以上，果肉厚度1.16cm，可食率为93.3%。

泰　珠

15. 饴珠

来源：大连市农业科学研究院育成，亲本为晚红珠和13-33（自选优系），$2n = 16$。

主要性状：树势较强健，树姿半开张。自花不结实。叶片平均长17.45cm，宽8.23cm。每个花芽1~3朵花，花瓣近圆形，花冠直径3.81cm。雄蕊比雌蕊略长，雄蕊数平均39枚，花粉量较多。

中熟品种，在大连地区6月中下旬成熟。果实宽心形，果实底色呈浅黄色，阳面着鲜红色。肉质较脆，肥厚多汁，酸甜适口。平均单果重9.20g，最大单果重10.45g，可溶性固形物含量22.0%以上，果肉厚度1.13cm，可食率为93.2%。

饴　珠

16. 佳红

来源：大连市农业科学研究院育成，亲本为滨库 × 香蕉，$2n = 16$。

主要性状：树势强健，生长旺盛，幼树生长较直立，结果后树姿逐渐开张，枝条斜生，一般3年开始结果，初果期中、长果枝结果，逐渐形成花束状果枝，5 ~ 6年以后进入丰产期。花芽较大而饱满，花芽多，每个花芽1 ~ 3朵花，花瓣白色、圆形。花粉量较多，连续结果能力强，丰产。

中熟品种，在大连地区6月中旬成熟。果实宽心脏形，大而整齐，平均单果重10.0g，最大单果重13.5g。果皮薄，底色浅黄，阳面着鲜红色。果肉浅黄色，质较软，肥厚多汁，风味酸甜适口，品质上等，可溶性固形物含量19.0%以上，总糖含量13.17%，100g果肉维生素C含量10.75mg，总酸含量0.67%，可食率94.6%。核卵圆形，黏核。

佳 红

17. 红蜜

来源：大连市农业科学研究院育成，亲本为那翁 × 黄玉，$2n = 16$。

主要性状：树势中庸健壮，树姿开张，树冠中等偏小，适宜密植栽培。萌芽力和成枝力强，分枝多，容易形成花芽，花量大，幼树早果性好，一般定植后4年即可进入盛果期，丰产稳定，容易管理。

大连地区6月上中旬成熟。果实中等大小，平均单果重6.0g，果实心脏形，底色黄色，阳面有红晕。果肉软，果汁多，甜，品质上等，可溶性固形物含量18.0%以上。果核小，黏核。

红 蜜

18. 巨红

来源： 大连市农业科学研究院育成，自选优系13-2自然杂交实生后代，$2n = 16$。

主要性状： 该品种树势强健，生长旺盛，幼龄期呈直立生长，盛果期后逐渐呈半开张，一般定植后3年开始结果。花芽大而饱满，每个花芽1～4朵花，花粉量多。在红灯、佳红等授粉品种配置良好的条件下，自然坐果率可达60%以上。盛果期平均亩*产872kg。

果实发育期60～65d，大连地区6月下旬成熟。果实宽心脏形，整齐，平均横径2.81cm，平均单果重10.25g，最大单果重13.2g；果实可食率为93.1%。果核中等大小，黏核。

巨 红

---

* 亩为非法定计量单位，1亩＝1/15hm²。——编者注

19. 红艳

来源：大连市农业科学研究院育成，亲本为那翁×黄玉，$2n = 16$。

主要性状：树势强健，生长旺盛，7年生树高达3.76m，冠径3.83m，长、中、短、花束状、莲座状果枝比率分别为44.10%、6.47%、6.71%、11.74%、30.96%。幼龄期多直立生长，盛果期后树冠逐渐半开张，一般定植后3年开始结果。花芽大而饱满，每个花芽1～4朵花。在红蜜、晚红珠等授粉树配置良好的情况下，自然坐果率可达74%左右。

大连地区6月10日左右成熟，和红灯同期成熟。果实宽心脏形，平均单果重8.0g，最大单果重10.0g。果皮底色浅黄，阳面着鲜红色，色泽艳丽，有光泽。果肉细腻，质地较软，果汁多，酸甜可口，风味浓郁，品质上等。可溶性糖含量12.25%，可滴定酸含量0.74%，干物质含量16.33%，100g果肉维生素C含量13.8mg，可溶性固形物含量18.0%以上，可食率93.3%。

红 艳

20. 早露

来源：大连市农业科学研究院育成，为那翁自然杂交实生后代，$2n = 16$。

主要性状：树势强健，生长旺盛。萌芽率高，成枝力强，枝条粗壮。一般定植后3年开始结果。11年生树长、中、短、花束状、莲座状果枝的比率分别为8.95%、9.36%、7.94%、15.46%、58.29%。莲座状果枝连续结果能力可长达7年，连续结果4年的平均花芽数为4.15个，5年的平均花芽数为4.30个。

极早熟优良品系，果实发育期38d左右，大连地区5月末果实成熟。果实宽心脏形，整齐，平均纵径2.02cm、横径2.45cm，全面紫红色，有光泽。平均单果重8.65g，最大单果重9.80g。果肉红紫色，质较软，肥厚多汁，风味酸甜可口，可溶性固形物含量18.0%以上。果实可食率达93.1%。核卵圆形，黏核。较耐贮运。

早　露

21. 状元红

来源：大连市农业科学研究院育成，红灯芽变，$2n = 16$。

主要性状：树姿半开张，幼树生长健壮，进入结果期后，树势中庸。自花不结实，丰产稳产，定植后4年结果。叶片平均长16.6cm、宽8.2cm，叶柄基部有2～3个紫红色肾形蜜腺。每个花芽1～3朵花，花芽大而饱满，花冠直径3.7cm。花瓣白色，近圆形。雄蕊比雌蕊略低或等高，雄蕊数平均33枚，花粉量较多。

果实肾形，整齐，平均单果重11.3g，最大单果重可达14.3g。果皮紫红色。果肉较软，肥厚多汁，口感甜酸可口，可溶性固形物含量20.0%以上，可溶性糖含量13.8%，总酸含量0.75%，果实可食率达92.8%。核卵圆形，较大，黏核。较耐贮运。

状元红

22.13-33

来源：大连市农业科学研究院育成，自选优系13-2自然杂交实生后代，$2n = 16$。

主要性状：树姿半开张，幼树生长较直立，随树龄增加逐渐开张，枝条较粗壮、斜生。幼树以中、长果枝结果为主，盛果期以花束状或短果枝结果为主。适应性较广。花芽大而饱满，花粉多，自花不结实，但是良好的授粉品种。

大连地区6月下旬果实成熟。果实宽心脏形，全面浅黄色，有光泽。被誉为"金樱桃"，曾被日本引入并命名为"月山锦"。平均单果重10.1g，最大单果重11.4g。果实纵径2.60cm、横径2.69cm，果肉厚度1.15cm。可溶性固形物含量21.0%以上。果实可食率93.9%。果肉浅黄白，质较软，肥厚多汁，风味甜酸可口，品质上等。核卵圆形，黏核，较耐贮运。适于鲜食和加工。

13-33

23. 春绣

来源：中国农业科学院郑州果树研究所育成，宾库自然杂交实生后代，$2n = 16$。2012年通过河南省林木品种审定。

主要性状：树势中庸，树姿较开张，自然结实率高，具有较好的早果性和丰产性，连续丰产性强。幼树生长旺盛，枝条健壮，枝条基角自然开张，角度较大，生长势中等，成枝力强。新梢绿色，叶柄颜色微红，叶片长15.50cm、宽7.21cm，叶柄长3.75cm，叶腺红色。自花不实，S基因型是S4S6。

中晚熟品种，果实发育期56～58d，在郑州地区5月25—26日成熟。果实紫红色，心脏形，果顶圆平，缝合线平，果形整齐端正，平均单果重9.1g。果肉红色，肉质细脆、肥厚多汁，可溶性固形物含量17.6%，酸甜适口，风味浓郁，品质上等。果柄中长中粗，裂果率和畸形果率较低，果实外观整齐，亮丽美观。耐贮运性好。

春　绣

24. 春艳

来源：中国农业科学院郑州果树研究所育成，雷尼尔与红灯杂交后代，$2n = 16$。2012年通过河南省林木品种审定。

主要性状：树势中庸，树姿较开张，具有较好的早果性和丰产结实性。幼树以中长果枝结果为主，进入盛果期后，以中果枝和花束状果枝结果为主。较抗裂果，畸形果率也较低。自花不实，S基因型是S3S9。成年树主干呈灰色、较光滑，一年生枝褐红色，皮孔较小较稀。叶片中大，多为长椭圆形；叶片平展，叶尖渐尖，叶基广楔形，叶缘锯齿粗重；叶腺2～3个，中大型、紫红色。

早熟品种，果实发育期44～46d，在郑州地区5月12—13日成熟。果实黄底红晕，短心脏形，果顶凹，缝合线平，平均单果重8.1g。果柄短粗。果肉乳黄色，肉质细脆、多汁，可溶性固形物含量17.2%，酸甜适口，风味浓郁，品质上等。耐贮运性好。

春 艳

25. 春露

来源：中国农业科学院郑州果树研究所育成，先锋自然杂交实生后代，$2n = 16$。2016年通过河南省林木品种审定。

主要性状：树势强，树姿半直立，树体分枝力中等，早果性好，丰产，较抗裂果。自花不实，S基因型是S1S6。

新梢梢尖花青苷显色弱，幼树一年生枝条粗壮。一年生枝皮孔数目少，多年生枝颜色红褐。叶片长宽比中等，叶柄长度中等。叶片平展，叶尖渐尖，叶基广楔形，叶缘锯齿粗重。叶片蜜腺2～3个，中大，颜色浅红。花蕾白色，花瓣形状中等椭圆，相对位置邻接。

早熟品种，果实发育期40～44d，在郑州地区5月10日左右成熟。单果重8～12g，果实肾形，果柄短粗，果顶凹。果实紫红色，有光泽，果肉颜色紫红。果核形状椭圆，中等大小。可溶性固形物含量16.4%，酸甜适口，品质佳。外观整齐，畸形果极少。果实大小和成熟期同红灯，但早果性、丰产性、耐病毒和没有畸形果等性状则明显优于红灯。

春　露

26. 春雷

来源：中国农业科学院郑州果树研究所育成，红灯与先锋杂交后代，2n = 16。2016年通过河南省林木品种审定。

主要性状：树势强，树姿直立，树体分枝能力中等，早果丰产性好。以中、短果枝和花束状果枝结果为主，花期耐高温，坐果率高，夏季耐高温高湿天气，果实较抗裂果。自花不实，S基因型是S3S9。

幼树一年生枝条粗壮，多年生枝黄褐色。叶片平展，叶尖渐尖，叶基广楔形，叶缘锯齿粗重。叶片蜜腺1～3个，暗红色。花蕾白色，花冠大。

中晚熟品种，果实发育期约56d，在郑州地区5月26日左右成熟。单果重9～13g，果实肾形，果顶凹，果柄短粗。果实紫红色，有光泽，果肉颜色紫红。果核形状椭圆，中等大小。可溶性固形物含量16.5%，果肉硬，酸甜适口，品质佳，耐贮运性好，很少有畸形果。春雷结合了母本红灯的果大、果柄短粗、外观艳丽、品质优良等优良性状和父本先锋的早果、丰产、果肉硬脆等优良性状。

春 雷

27. 春晖

来源：中国农业科学院郑州果树研究所育成，先锋自然杂交实生后代，$2n = 16$。2017年通过河南省林木品种审定。

主要性状：树势强，树姿半直立，分枝能力中等。以短果枝和花束状果枝为主要结果部位，早果性和丰产性较好。果实坐果率高，较抗裂果。自花不实，S基因型是S1S9。

梢尖处花青苷的显色程度为中等。叶片平展，长宽比中等，叶柄短。叶片有蜜腺，中等大小，颜色浅红。一年生枝的皮孔数目中等，多年生枝颜色灰褐。花冠直径中等，花瓣形状为中等椭圆、白色，花瓣之间相对位置为邻接。

中晚熟品种，果实发育期约54d，在郑州地区5月24日左右成熟。单果重9～13g，果实肾形，果顶平，果柄中长。果皮颜色深红，果肉硬，果肉颜色粉红。果核形状椭圆，大小中等。可溶性固形物含量22.1%，味甜微酸，品质极佳。果形整齐端正，很少有畸形果，商品果率高。春晖的一个突出特点是，果实成熟时易与果柄分离，可以实现不带果柄采摘，非常适合都市生态观光园采摘，可以有效降低游客采摘对树体的伤害。春晖遗传了母本先锋的早果、丰产、果肉硬脆等优良性状，同时果实大小和品质得到显著提升。

春　晖

28. 齐早

来源： 山东省果树研究所育成，亲本为萨米托和美早，$2n = 16$。

主要性状： 树体强健，树姿开张，丰产、稳产，抗逆性强。幼树生长旺盛，嫁接在吉塞拉6砧木上，一般定植后3年结果，4年丰产。S基因型为S1S9，异花授粉，花期较早，需配置授粉树。

叶片椭圆形，叶尖渐尖，中等大小，平展，绿色，上表面油亮，中等厚度，平均长度14.52cm、宽度7.02cm。叶柄长3.2～4.8cm，粗1.3～2.0mm。蜜腺2～5个不等，多为2个，肾形，黄褐色。花芽中大，细长，每个单花芽发育为1～3朵花。花冠直径28～33mm，椭圆形，先端微凹，花瓣白色，花粉量多。

特早熟品种，在泰安地区5月上旬成熟。果实宽心脏形，深红色，果皮光亮，果个大、均匀，畸形果率低，平均单果重8.5g，平均果柄长4.24cm。可溶性固形物含量15.6%，总酸含量0.49%。果肉柔软多汁，甘甜可口，品质佳。

齐 早

29. 泰山朝阳

来源：山东省果树研究所育成，亲本为那翁和大紫，$2n = 16$。

主要性状：树体高大，树姿开张，萌芽力强，成枝力强，树势强健，生长旺盛，4年后进入结果期之后树势趋于缓和。S基因型为S4S6，异花授粉，需配置授粉树。

叶片中大，长15.3cm、宽7.3cm，中厚，浅绿色，叶缘锯齿锐而浅。叶背茸毛较少，蜡质中等。叶柄中长，约3.5cm，阳面浅褐色，背面绿色。蜜腺棕黄色，肾脏形，2～3个。花芽中大，圆润饱满，每个花芽多数2～3朵花，花冠中大，花瓣5枚，白色，花粉量多。

早熟品种，在泰安地区5月上中旬成熟。果实圆心脏形，平均单果重8.14g，最大单果重10.90g。果皮底色黄略带红晕，果皮厚，抗裂果。果柄与果实连接牢固，长4.74cm。果肉汁多，果汁颜色为浅黄近透明，可溶性固形物含量14.8%，总糖含量10.35%，总酸含量0.74%，糖酸比为13.99，味极甜，品质佳。

泰山朝阳

30. 泰山红日

来源：山东省果树研究所育成，亲本为那翁和大紫，2*n* = 16。

主要性状：树势强健，生长旺盛，树姿直立，萌芽率高，成枝力强。幼树生长旺盛，半开张，盛果期后树势逐渐衰弱。丰产稳产，定植后4年结果，5年丰产。S基因型为S3S9，异花授粉，需配置授粉树。

叶片窄椭圆形，先端较尖，中等大小，长14～16cm、宽6～8cm，叶缘锯齿细而深，叶片较厚，平展，深绿色。叶柄中长，平均长3.75cm，粗3.97mm。蜜腺2个，椭圆形，红褐色。花芽中大，饱满，每个单花芽有2～3朵花。花冠直径30～35mm，花瓣白色，倒卵圆形，花粉量多。

早熟品种，在泰安地区5月上中旬成熟。果实圆心脏形，平均单果重7.87g，最大单果重9.90g。果面全红，果皮厚，抗裂果。果柄中长，平均5.01cm，与果实连接非常牢固。果实汁液红色，可溶性固形物含量14.3%，口感甜。丰产、稳产性强，耐涝、抗病性强，抗裂果。

泰山红日

31. 早甘阳

来源：山东省果树研究所育成，红南阳的实生后代，$2n = 16$。

主要性状：树体强健，树姿半开张，坐果率高，早实、丰产。幼树生长旺盛，树姿直立、半开张，嫁接在吉塞拉6号砧木上，枝条粗壮，一般定植后3年结果，4年丰产。S基因型为S6S9，异花授粉，花期较早，需配置授粉树。

叶片椭圆形，叶尖渐尖，中等大小，长13.5～16.5cm、宽6.6～7.8cm；叶片中等厚度，平展，绿色。叶柄长3.0～4.7cm，粗2.01～2.44mm。蜜腺2～5个不等，多为2个，肾形，黄褐色。花芽中大，细长，每个单花芽发育为2～3朵花。花冠直径28～33mm，花瓣白色，椭圆形，先端微凹，花粉量多。

早熟品种，在泰安地区5月上旬成熟。果实圆心脏形，果实中大，平均单果重7.44g左右，最大单果重8.80g。果柄长约4.06cm，粗约1.26mm。果皮光亮、紫红色，缝合线不明显。果肉细腻，多汁，可溶性固形物含量15.2%～18.4%，总酸含量0.69%，固酸比高，口感甘甜，品质佳，丰产性强，是观光采摘园的优选品种。

早甘阳

32. 鲁樱1号

来源： 山东省果树研究所育成，亲本为萨米托和红灯，$2n = 16$。

主要性状： 幼树生长中庸，树姿半开张，萌芽力强，成枝力强。进入结果期后，树姿半开张，生长中庸。S基因型为S2S4，异花授粉，需配置授粉树。

叶片卵圆形，叶尖急尖，中等大小，平均长度13.38cm、宽度6.9cm；叶片中等厚度，平展，绿色。叶柄长3.1 ~ 5.2cm，粗1.5 ~ 2.1mm。蜜腺1 ~ 2个不等，圆形或肾形，红褐色。花芽中大，细长，每个单花芽发育为1 ~ 3朵花。花冠直径28 ~ 33mm，花瓣白色，椭圆形，先端微凹，花粉量多。

早熟品种，在泰安地区5月上中旬成熟。果实心脏形，果实大，平均单果重10.0g左右，最大单果重11.1g。果柄长约3.8cm，粗约1.5mm。果皮光亮、紫红色。果肉脆，多汁，可溶性固形物含量17.2%，总酸含量0.78%，酸甜可口，品质佳。

鲁樱1号

33. 鲁樱2号

来源：山东省果树研究所育成，亲本为那翁和大紫，$2n = 16$。

主要性状：树体强健，幼树生长旺盛，树姿紧凑，生长势强，萌芽力强，成枝力强。进入结果期后，树势强，树姿半开张，生长旺盛，长果枝、短果枝均易形成花芽，早实丰产性强。S基因型为S3S9，异花授粉，需配置授粉树。

叶片椭圆形，叶尖尖，平展，绿色，平均长度14.12cm、宽度7.17cm。叶柄平均长4.02cm，粗1.97mm。蜜腺1～2个不等，圆形或肾形，黄褐色。花芽中大，细长，每个单花芽发育为1～3朵花。花冠直径26～33mm，花瓣白色，椭圆形，先端微凹，花粉量多。

早熟品种，在泰安地区5月上旬成熟。果实肾形，平均单果重9.6g，最大单果重11.8g。果面光亮，紫红色，缝合线不明显。果柄短，长约2.83cm，粗约1.78mm。果肉和汁液红色，可溶性固形物含量17.7%，总酸含量1.03%。果肉细腻多汁，酸甜可口，风味好，品质佳。

鲁樱2号

34. 鲁樱3号

来源：山东省果树研究所育成，萨米托的实生后代，$2n = 16$。

主要性状：树势中庸，生长势弱，树姿开张，萌芽力中等，成枝力强，以中长果枝腋花芽和花束状果枝结果为主，早实丰产性强。S基因型为S2S13，异花授粉。因S基因型较为特殊，可作为大多数品种的授粉树。

叶片椭圆形，叶尖渐尖，平展，绿色。蜜腺1～2个不等，肾形，黄色。花芽中大，细长，每个单花芽发育为1～3朵花。花冠直径26～33mm，花瓣白色，椭圆形，先端微凹，花粉量多。

中晚熟品种，在泰安地区5月中下旬成熟。果实阔心脏形，果个大，平均单果重12.10g，最大单果重18.33g。果面光亮，深红色，缝合线浅。果柄中长，平均长4.06cm，粗1.43mm。可溶性固形物含量17.1%，总酸含量0.68%，酸甜可口，果肉硬，耐贮运。

鲁樱3号

35. 鲁樱4号

来源：山东省果树研究所育成，亲本为美早和萨米托，$2n = 16$。

主要性状：树势强旺，生长势强，树姿半开张，萌芽力、成枝力强，易成花，丰产性好。S基因型为S3S4，异花授粉，需配置授粉树。

叶片椭圆形，叶尖渐尖，平展，绿色。蜜腺1～2个不等，肾形，黄色。花芽中大，细长，每个单花芽发育为1～3朵花。花冠直径28～33mm，花瓣白色，椭圆形，先端微凹，花粉量多。

中晚熟品种，在泰安地区5月中下旬成熟。果实圆心脏形，平均单果重10.4g。果面光亮，深红色，缝合线浅。果柄短粗，平均长3.21cm，粗2.03mm。可溶性固形物含量16.7%，总酸含量0.77%，酸甜可口，果肉硬，果皮厚，耐贮运。

鲁樱4号

36.彩玉

来源: 山东省果树研究所选育,浅色系甜樱桃,2014年6月通过省级同行专家验收,命名为彩玉。自花结实,基因型 $S_3S_{4'}$。

主要性状: 树势中庸,树冠开张。幼树以中、长果枝结果为主,盛果期树以长果枝和花束状果枝结果为主,长果枝、花束状果枝比例为23.6%和41.3%。1年生枝灰褐色,多年生枝深褐色,新梢绿色。叶片平均长13.75cm、宽6.01cm,叶片长椭圆形,叶面光滑,背毛。叶缘锯齿状,单锯齿。叶柄平均长3.20cm,叶柄上有蜜腺,平均2个,黄色至红色。花瓣白色,长椭圆形,花冠直径3.58cm。

中晚熟品种,山东泰安地区果实成熟期5月下旬至6月上旬。果实近圆形,底色黄色,表色红晕,光泽艳丽。果个大,平均单果重10.81g,最大单果重12.12g,平均纵径2.71cm、横径2.82cm。果柄中长,平均3.83cm。可溶性固形物含量达18.5%,酸甜可口,品质好。核小,离核,可食率95.6%。丰产稳产,无畸形果,抗裂果。

彩 玉

37. 鲁玉

　　来源：山东省果树研究所选育，2014年6月通过省级同行专家验收，命名为鲁玉。自花结实，基因型S_3S_4。

　　主要性状：树体生长健壮，树势中庸，树姿较开张。一年生枝阳面灰褐色，多年生枝深褐色，新梢绿色。叶片平均长14.33cm、宽7.15cm，叶片颜色深绿，叶面平展。叶柄平均长3.21cm，叶柄上有蜜腺，平均2个，颜色浅黄。花瓣白色，长椭圆形、邻接，花冠直径3.21cm。

　　中晚熟品种，山东泰安地区一般3月中旬萌芽，4月上中旬开花，5月底至6月上旬成熟。果实肾形，梗洼广、浅，果顶平，缝合线凹、明显，初熟鲜红色，充分成熟紫红色。平均单果重9.82g，最大单果重11.93g，平均纵径2.45cm、横径2.67cm。果柄中长，平均3.81cm。果肉红色，肉质硬，肥厚多汁，可溶性固形物含量达20.7%，风味酸甜可口。核小，离核，可食率95.3%。无畸形果，抗裂果。

鲁　玉

38. 福晨

来源：山东省烟台市农业科学研究院育成，亲本为萨米脱 × 红灯，$2n = 16$。

主要性状：树势中庸，树姿开张。早实丰产性好，当年生枝条基部易形成腋花芽，幼树腋花芽结果比例高。栽后第 3 年开始结果，第 5 年丰产。自花不实，以早生凡、早丰王、斯帕克里、桑提娜作为授粉树。

叶片浓绿色、长椭圆形，发育枝中部叶片长 13.8cm、宽 6.4cm，叶柄长 3.9cm，节间距 4.5cm。蜜腺中大，肾形，浅红色，1～4 个，多数 2 个，对生或斜生。

极早熟品种，在烟台地区 6 月 25 日左右成熟，较红灯早熟 5～7d。果实宽心脏形，平均单果重 9.7g，最大单果重 14.1g。果实纵径 2.41cm，横径 2.95cm，侧径 2.49cm。果皮红色，果肉可溶性固形物含量 18.1%。果核小，可食率 93.2%。

福 晨

39. 福星

来源：山东省烟台市农业科学研究院育成，亲本为萨米脱×斯帕克里，$2n = 16$。

主要性状：树势中庸，树姿半开张。早实，丰产性好，成年树一年生枝条甩放后，易形成大量的短果枝和花束状果枝。栽后第3年开始结果，第5年进入盛果初期，亩产达836kg，连年丰产、稳产。自花不实，适宜的授粉品种为早生凡、桑提娜、斯帕克里等。

叶片浓绿色，叶片长倒卵圆形，叶片平展，叶尖渐尖，叶基楔形，粗重锯齿，成熟叶片顶端骤尖，侧脉末端交叉。发育枝中部叶长15.7cm、宽7.8cm，叶柄长3.49cm。蜜腺小，肾形，浅红色，1～4个，多数2个，对生或斜生。

中熟品种，在烟台地区6月上旬成熟。果实肾形，平均单果重11.8g，最大单果重14.3g。果实横径3.12cm，纵径2.44cm，侧径2.64cm。果柄短粗，长2.48cm。果皮浓红色，果肉可溶性固形物含量16.9%，酸甜可口，可食率94.7%。

福　星

40. 黑珍珠

来源： 山东省烟台市农业科学研究院育成，母本萨姆，父本不详，$2n = 16$。

主要性状： 树势中庸，树姿半开张，萌芽力、成枝力均强，以短果枝和花束状果枝结果为主，中庸枝条基部易形成腋花芽。自花结实率高，极丰产是其突出优点之一。栽后第3年结果，5年丰产。

叶片长纺锤形，浅绿色，顶端锐尖。丰产树发育枝中部叶片长14.27cm、宽6.90cm，叶柄长3.25cm。叶缘复齿，齿浅、钝。蜜腺肾形，深红色，2 ～ 3个占多数，多者4个，斜生或对生。

中熟品种，在烟台地区6月上中旬成熟。果实肾形，平均单果重9.5g左右，最大单果重16.0g，果实横径2.76cm、纵径2.41cm、侧径2.28cm。果柄中短，长3.05cm。果皮紫黑色，果肉脆硬，味甜，可溶性固形物含量17.5%，耐贮运。果实在树上挂果时间长，延期采收7 ～ 10d果肉不变软。

黑珍珠

41. 福玲

来源：山东省烟台市农业科学研究院育成，母本为红灯，父本为萨米脱、黑珍珠的混合花粉，$2n = 16$。

主要性状：树势中庸，树姿开张，幼树生长势弱于红灯，萌芽率93.9%，成枝力较强。自花不实，适宜授粉品种为先锋、桑提娜、水晶等。丰产、稳产，栽后第3年开始结果，5年丰产。

叶片浓绿色，长椭圆形。发育枝中部叶片长13.0cm、宽6.4cm，叶柄长3.5cm，节间距4.5cm。蜜腺中大，肾形，浅红色，1~4个，多数2个，对生或斜生。

早熟品种，在烟台地区5月下旬成熟。果形肾形，平均单果重10.4g，果实纵径2.38cm、横径2.92cm、侧径2.41cm，果柄长3.72cm。果皮紫红色，果肉可溶性固形物含量18.6%，总糖含量11.25%，总酸含量0.65%，可食率94.2%，鲜食品质上乘。

福 玲

42. 福金

来源：山东省烟台市农业科学研究院育成，亲本为雷尼和晚红珠，$2n = 16$。

主要性状：树姿半开张，幼树树势强健，枝条粗壮，萌芽率高，成枝力较强。自花不实，适宜授粉品种为红灯、先锋、桑提娜等。采用纺锤形整枝，栽后第3年开始结果，5年生树亩产867.6kg，丰产、稳产。

叶片绿色，长椭圆形，平展。叶基广圆形，叶缘粗重锯齿，顶端急尾尖，侧脉末端交叉。发育枝中部叶片长15.26cm、宽6.94cm，叶柄长2.84cm，节间距2.65cm。蜜腺小，肾形，浅红色，1～4个，多数2个，对生或斜生。

晚熟品种，在烟台地区6月中下旬成熟。果实肾形，平均单果重11.7g，果实纵径2.51cm、横径3.06cm、侧径2.50cm。果柄中长，平均2.7cm。果实底色黄色，果面着鲜红色，果肉硬脆、甜味浓，鲜食品质上乘，可溶性固形物含量22.5%，可食率95.1%。

福　金

43. 福阳

来源：山东省烟台市农业科学研究院育成，母本黑珍珠，父本不详，$2n = 16$。

主要性状：树势健壮，树姿半开张，萌芽率（98.2%）高、成枝力强，成花易，具有良好的早产性。盛果期树以短果枝和花束状果枝结果为主，伴有腋花芽结果。栽后第3年开始结果，5年生树亩产436.2kg，丰产、稳产。自花不实，适宜授粉品种为先锋、萨米脱、斯帕克里等。

叶片长纺锤形，浅绿色，叶大而厚，发育枝中部叶片长15.41cm、宽7.37cm，叶柄长3.25cm。叶缘复齿，齿浅、钝，叶片顶端锐尖并向一边稍弯曲。蜜腺肾形，深红色，多数2～3个，少数4个，斜生或对生。

中熟品种，在烟台地区6月上旬成熟。果实心脏形，平均单果重9.7g，果实横径2.76cm、纵径2.41cm、侧径2.28cm。果柄中短，平均3.45cm。果皮紫黑色，果肉可溶性固形物含量18.7%，总糖含量11.62%，总酸含量0.61%，果实可食率94.6%。

福 阳

44. 砂蜜豆

来源： 山东省烟台市农业科学研究院育成，萨米脱的紧凑型芽变，$2n = 16$。

主要性状： 树势中庸，树姿半开张，枝条甩放后很容易形成花芽。早实、丰产，第3年结果，第5年丰产，极丰产是该品种的突出优点之一。自花不实，可选择先锋、拉宾斯、斯帕克里等作授粉品种。

叶片卵圆形，浓绿色，叶片长12.81cm、宽5.84cm，叶柄长3.08cm。叶缘复齿钝，一大一小。蜜腺肾形，1～4个，多数2个，红褐色，对生或斜生。

晚熟品种，在烟台地区6月中旬成熟。果实长心脏形，平均单果重11.8g，最大单果重18.0g。果实横径2.80cm，纵径2.63cm，侧径2.37cm。果柄中短，平均2.43cm。果皮鲜红至紫红色，果肉较硬，肥厚多汁，味甜，风味上等，可溶性固形物含量18.2%。核椭圆形，中大，果实可食率94.3%。

砂蜜豆

45. 红玛瑙

来源： 山西省农业科学院果树研究所育成，红艳芽变。

主要性状： 树势强健，树姿半开张，树冠大。幼树生长旺盛，半开张。丰产稳产，定植后4年结果，6年丰产。

叶片大，长倒卵圆形，长17.0cm、宽7.5cm，叶面平展，浓绿色，叶柄基部有2～3个浅红色肾形叶腺。每个花芽3～5朵花，花瓣白色，椭圆形，花冠直径3.99cm，花粉量多。

中晚熟品种，在山西晋中地区6月上旬成熟。果实心脏形，平均单果重8.86g，最大单果重11.70g，纵径2.42cm、横径2.10cm。果柄长，平均3.48cm。果实颜色漂亮，红色，特美观，诱人。果肉可溶性固形物含量18.1%，甜酸适口，果汁红色，品质上乘。果核椭圆形，中等大小，半离核。

红玛瑙

第2部分

引进甜樱桃品种

1. 阿缇卡（Attica）

来源： 亲本未知。又名考迪亚，捷克品种。2*n* = 16。

主要性状： 树势中庸，树姿较开张，萌芽率高，成枝力较强。定植后4年结果。盛果期以短果枝、花束状果枝结果为主，较丰产。叶片中等，阔椭圆形，先端急尖，长12.6cm、宽7.0cm，叶面平展，深绿色有光泽，叶柄基部有2～3个紫红色长肾形大蜜腺。每个花芽1～3朵花，花瓣白色，圆形，花冠直径4.2cm。雄蕊平均39枚，花粉量较多。

中熟品种，在北京地区6月上旬成熟。果实心形，果顶平，平均单果重8.01g，最大单果重9.16g，果实纵径2.45cm、横径2.58cm。果柄较长，平均5.0cm。果实红色至紫红色，果肉肥厚多汁，果肉韧，去皮硬度3.27kg/cm²，可溶性固形物含量18.6%，酸甜可口，品质佳。果汁红色，pH 3.64。果核长椭圆形，平均重0.28g，黏核。

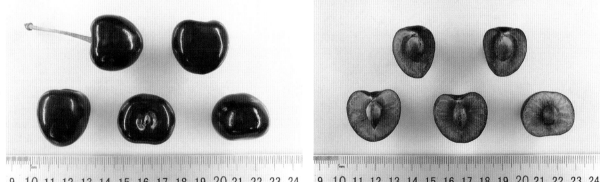

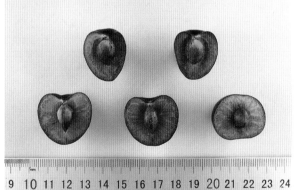

阿缇卡

2. 奥斯特（Ulster）

来源：亲本为 Schmidt 和 Lambert，美国康奈尔大学育成。$2n = 16$。

主要性状：树势强健，萌芽率高，成枝力较强，树姿半开张。定植后 4 年结果，6 年丰产。盛果期以短果枝、花束状果枝结果为主，较丰产。叶片较小，阔椭圆形，先端渐尖，长 12.1cm、宽 5.7cm，叶面平展，深绿色有光泽，叶柄基部有 2 ～ 3 个紫红色长肾形大蜜腺。每个花芽 1 ～ 3 朵花，花瓣白色，中等倒卵形，花冠直径 3.4cm。雄蕊平均 31 枚，花粉量较多。

中晚熟品种，在北京地区 6 月上旬至中旬成熟。果实心形，果顶平，平均单果重 6.73g，最大单果重 8.90g，纵径 2.18cm、横径 2.4cm。果柄较短，平均 3.5cm。果实红色至紫红色，果肉肥厚多汁，质地较硬，去皮硬度 3.86kg/cm²，可溶性固形物含量 18.2%，风味酸甜，品质良好。果汁红色，pH 3.59。果核长椭圆形，重 0.32g，黏核。

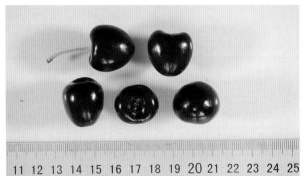

奥斯特

3. 本顿 (Benton)

来源：亲本为斯坦拉和Beaulieu，美国华盛顿州立大学育成。$2n = 16$。

主要性状：树势极强健，成龄树树姿开张，分枝力较强，以短果枝和花束状果枝结果为主。自交可育，丰产，定植后4年结果。叶片特大，阔卵圆形，先端渐尖，长18.6cm、宽8.3cm，叶面平展，深绿色有光泽，叶柄基部有2～3个浅色长椭圆形大蜜腺。每个花芽1～3朵花，花瓣白色，圆形，花冠直径4.6cm。雄蕊平均38枚，花粉量较多。

中熟品种，在北京地区6月上旬成熟。果实肾形，果顶平，平均单果重9.07g，最大单果重9.83g，纵径2.36cm、横径2.63cm。果柄较长，平均4.0cm。果实红色，果肉肥厚多汁，质地韧，去皮硬度3.44kg/cm^2。可溶性固形物含量16.8%，风味甜酸。果汁红色，pH 3.50。果核长椭圆形，中等大小，重0.41g，离核。

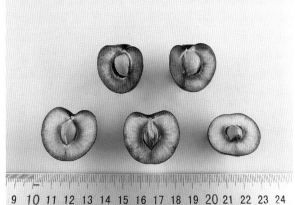

本　顿

4. 宾库（Bing）

来源： 亲本为 Black Republican 和 Napoleon Bigarreau。美国品种，是北美栽培最多的品种之一。$2n = 16$。

主要性状： 树势健壮，树姿较开张。以短果枝和花束状果枝结果为主，丰产稳产。叶片长 15.4cm、宽7.1cm，颜色深绿，叶面平展。叶柄基部有浅红色蜜腺，2～3个。花瓣白色，圆形，邻接，花冠直径3.5cm。雄蕊平均40枚，花粉量较多。

中熟品种，在北京地区6月上旬成熟。果实近圆形，果顶平，平均单果重8.95g，最大单果重 10.65g，纵径2.43cm、横径2.71cm。果柄长，平均5.29cm。果实红色至紫红色，果肉红色，质地较 韧，去皮硬度2.83kg/cm²，可溶性固形物含量17.9%，果汁pH 3.54，风味酸甜，品质优良。果核长椭 圆形，重0.33g，半离核。

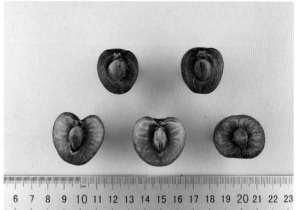

宾　库

5. 伯兰特（Bigarreau Burlat）

来源：原产法国，世界各地广泛栽培。$2n = 16$。

主要性状：树体健壮，幼树直立，逐渐开张，丰产。定植后4年结果，6年丰产。叶片长16.4cm、宽8.2cm，叶片颜色中绿，叶面平展。叶柄长3.2cm，叶柄基部有浅红色蜜腺，平均2～3个。花瓣白色，中等倒卵形，分离，花冠直径4.0cm。雄蕊平均42枚，花粉量较多。

极早熟品种，在北京地区5月中旬成熟，比红灯早3～5d。果实心形，果顶平，平均单果重9.6g，最大单果重11.6g，纵径2.36cm、横径2.74cm。果柄中长，平均3.95cm。果实红色至紫红色，果肉红色，质地软，去皮硬度2.24kg/cm^2，可溶性固形物含量18.8%，果汁pH 3.40，风味甜酸，品质好。果核椭圆形，重0.47g，黏核。

伯兰特

6. 布鲁克斯（Brooks）

来源： 由美国加利福尼亚大学戴维斯分校用雷尼和早布莱特杂交育成，1988年开始推广。山东省果树研究所1994年引进，2007年通过了山东省林木品种审定委员会审定。S基因型为S_1S_9。

主要性状： 树姿开张，枝条粗壮，进入丰产期生长势中庸。幼树以中、短果枝结果为主，成龄树以短果枝结果为主。一年生枝黄绿色，多年生枝黄褐色。叶片披针形，平均长14.3cm、宽6.9cm，大而厚，深绿色，叶面平滑，叶柄平均长2.9cm。

早熟品种，在山东泰安5月中下旬成熟。果实扁圆形，果顶平，稍凹陷。平均单果重12.21g，最大单果重13.00g以上，果实平均纵径2.65cm、横径3.03cm。果柄中长，平均3.36cm。果皮厚，完全成熟时果面暗红色，偶尔有条纹和斑点，多在果面亮红色时采收。果肉淡红色，肉质脆，糖度高，可溶性固形物含量17.0%，可食率96.1%。采收时遇雨易裂果。

布鲁克斯

7. 大紫（Black Tartarain）

来源：古老的俄罗斯品种。$2n = 16$。

主要性状：树势较强健，成龄树树姿较开张，萌芽力高，成枝力强，以短果枝和花束状果枝结果，较丰产。定植后4年结果，6年丰产。叶片较大，阔卵圆形，先端渐尖，长14.0cm、宽5.9cm，叶面平展，深绿色有光泽，叶柄基部有2~3个浅色长椭圆形大蜜腺。每个花芽1~3朵花，花瓣白色，圆形，花冠直径4.0cm。雄蕊平均34枚，花粉量较多。

早中熟品种，在北京地区5月下旬至6月上旬成熟。果实心形，果顶平，平均单果重6.41g，最大单果重7.92g，纵径2.21cm、横径2.41cm。果柄长，平均5.0cm。果实红色，果肉肥厚多汁，质地软，去皮硬度2.09kg/cm^2，可溶性固形物含量16.1%，风味酸甜。果汁红色，pH 3.86。果核长椭圆形，中等大小，重0.44g，半离核。

大　紫

8. 黑金（Black Gold）

来源： 美国康奈尔大学育成。$2n = 16$。

主要性状： 树势较强健，成龄树树姿开张，分枝力强，以短果枝和花束状果枝结果，丰产稳产，自交可育。定植后4年结果，6年丰产。叶片大，阔卵圆形，长15.3cm、宽8.0cm，叶面平展，深绿色有光泽，叶柄基部有2～3个浅色长椭圆形大蜜腺。每个花芽1～3朵花，花瓣白色，圆形，花冠直径4.9cm。雄蕊平均39枚，花粉量较多。花期晚，抗早霜。

中熟品种，在北京地区6月上旬成熟。果实肾形，果顶平，平均单果重7.85g，最大单果重9.18g，纵径2.18cm、横径2.42cm。果柄长，平均4.92cm。果实红色至紫红色，果肉肥厚多汁，质地较软，去皮硬度2.85kg/cm²，可溶性固形物含量16.6%，酸甜可口，品质好。果汁红色，pH 3.79。果核椭圆形，中等大小，重0.45g，半离核。

黑　金

9. 黑约克（Black York）

来源：美国康奈尔大学育成。$2n = 16$。

主要性状：树势强健，成龄树树姿开张，分枝力强，以短果枝和花束状果枝结果为主，较丰产。定植后4年结果，6年丰产。叶片大，阔卵圆形，长15.3cm、宽8.0cm，叶面平展，深绿色有光泽，叶柄基部有2～3个浅色长椭圆形大蜜腺。每个花芽1～3朵花，花瓣白色，圆形，花冠直径3.3cm。雄蕊平均34枚，花粉量较多。

早中熟品种，在北京地区5月下旬至6月初成熟。果实横椭圆形，果顶平，平均单果重6.85g，最大单果重7.80g，纵径2.26cm、横径2.45cm。果柄中长，平均3.96cm。果实红色，果肉肥厚多汁，质地软，去皮硬度1.83kg/cm^2，可溶性固形物含量15.6%，风味甜酸。果汁红色，pH 3.66。果核椭圆形，中等大小，重0.37g，黏核。

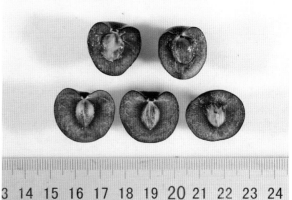

黑约克

10. 吉尔派克（Gil Peck）

来源： 亲本为Napoleon和Giant，美国康奈尔大学育成品种。$2n = 16$。

主要性状： 树势中庸，树姿较开张，萌芽率高，成枝力较强。定植后4年结果，较丰产，以短果枝、花束状果枝结果为主。叶片较小，阔椭圆形，先端渐尖，长12.8cm、宽5.3cm，叶面平展，深绿色有光泽，叶柄基部有2～3个紫红色长肾形大蜜腺。每个花芽1～3朵花，花瓣白色，圆形，花冠直径4.5cm。雄蕊平均34枚，花粉量较多。

中熟品种，在北京地区6月上旬成熟。果实肾形，果顶平，平均单果重8.04g，最大单果重10.32g，纵径2.41cm、横径2.65cm。果柄中长，平均3.84cm。果实红色至紫红色，果肉肥厚多汁，质地硬，去皮硬度4.44kg/cm²，可溶性固形物含量20.1%，酸甜可口。果汁红色，pH 3.54。果核椭圆形，平均重0.41g，半离核。

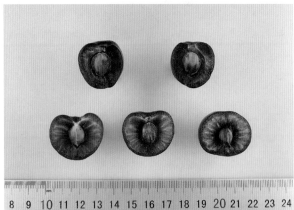

吉尔派克

11. 加拿大巨人 (Canada Giant)

来源：加拿大太平洋农业与食品研究中心育成。$2n = 16$。

主要性状：树势强健，成龄树树姿开张，分枝力较强。定植后4年结果，以短果枝和花束状果枝结果为主，丰产，叶片较小，阔卵圆形，先端急尖，长12.2cm、宽6.3cm，叶面平展，深绿色有光泽，叶柄基部有2～3个浅色长椭圆形大蜜腺。每个花芽1～3朵花，花瓣白色，圆形，花冠直径3.9cm。雄蕊平均36枚，花粉量较多。

中熟品种，在北京地区6月初成熟。果实心形，果顶尖，平均单果重9.76g，最大单果重11.51g，纵径2.78cm、横径2.83cm。果柄中长，平均4.6cm。果实红色，果肉肥厚多汁，质地软，去皮硬度2.34kg/cm^2，可溶性固形物含量16.3%，风味甜酸。果汁红色，pH 3.65。果核椭圆形，中等大小，重0.42g，黏核。

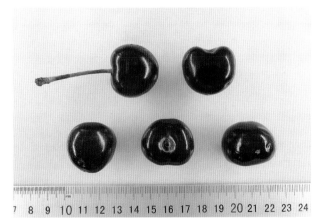

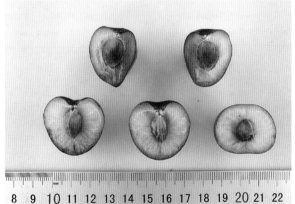

加拿大巨人

12. 卡塔琳（Katalin）

来源：匈牙利品种。$2n = 16$。

主要性状：树势强健，树姿半开张，萌芽率高，成枝力较强。定植后4年结果，6年丰产。以短果枝、花束状果枝结果为主，较丰产。叶片小，阔椭圆形，先端渐尖，长11.0cm、宽5.5cm，叶面平展，深绿色有光泽，叶柄基部有2～3个紫红色长肾形大蜜腺。每个花芽1～3朵花，花瓣白色，中等倒卵形，花冠直径4.4cm。雄蕊平均37枚，花粉量较多。

晚熟品种，在北京地区6月上旬至中旬成熟。果实近圆形，果顶平，平均单果重9.84g，最大单果重11.11g，纵径2.55cm、横径2.77cm。果柄长，平均4.9cm。果实红色，果肉肥厚多汁，质地硬，去皮硬度4.42kg/cm^2，可溶性固形物含量17.1%，风味酸甜。果汁浅红色，pH 3.68。果核长椭圆形，平均重0.5g，黏核。

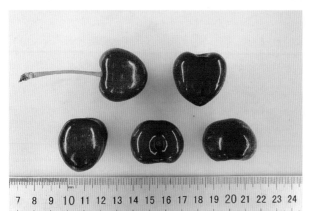
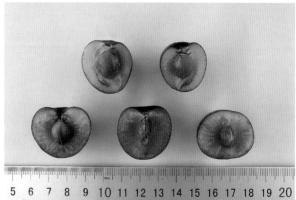

卡塔琳

13. 克瑞斯塔丽娜（Cristalina）

来源：亲本为先锋和星，加拿大太平洋农业与食品研究中心育成。$2n = 16$。

主要性状：树势中庸，较开张。萌芽率高，成枝力较强。定植后4年结果，较丰产，以短果枝、花束状果枝结果为主。叶片中等，阔椭圆形，先端渐尖，长13.3cm、宽6.7cm，叶面平展，深绿色有光泽，叶柄基部有2～3个紫红色长肾形大蜜腺。每个花芽1～3朵花，花瓣白色，中等倒卵形，花冠直径4.0cm。雄蕊平均32枚，花粉量较多。

中熟品种，在北京地区6月上旬成熟。果实肾形，果顶平，平均单果重8.74g，最大单果重10.46g，纵径2.55cm、横径2.65cm。果柄中长，平均4.27cm。果实红色至紫红色，果肉肥厚多汁，质地较硬，去皮硬度3.60kg/cm²，可溶性固形物含量18.1%，酸甜可口，品质极佳。果汁红色，pH 3.67。果核椭圆形，平均重0.45g，黏核。

克瑞斯塔丽娜

14. 拉宾斯（Lapins）

来源：亲本为先锋和斯坦拉，加拿大太平洋农业与食品研究中心育成。2*n* = 16。

主要性状：树势强健，树姿开张，树冠中大。定植后4年结果，6年丰产，以短果枝和花束状果枝结果为主。自花结实，丰产稳产性突出。叶片大，阔卵圆形，长16.4cm、宽7.9cm，叶面平展，深绿色有光泽，叶柄基部有2～3个暗红色长椭圆形蜜腺。每个花芽1～3朵花，花瓣白色，圆形，花冠直径3.3cm。雄蕊平均37枚，花粉量较多。

中晚熟品种，在北京地区6月上中旬成熟，成熟期与先锋接近。果实近圆形，果顶平，平均单果重9.82g，最大单果重11.54g，纵径2.59cm、横径2.83cm。果柄较短，平均3.46cm。果实红色，果肉肥厚多汁，质地较硬，去皮硬度3.64kg/cm^2，可溶性固形物含量16.8%，果汁pH 3.70，风味酸甜，品质上乘。果核长椭圆形，中等大小，平均核重0.42g，半离核。

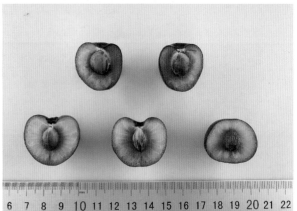

拉宾斯

15. 拉拉之星（Lala star）

来源： 亲本为Compact Lambert和拉宾斯，意大利品种。$2n = 16$。

主要性状： 树势强健，树姿半开张，萌芽率高，成枝力较强。定植后4年结果，6年丰产。盛果期以短果枝、花束状果枝结果为主，较丰产。叶片较小，阔椭圆形，先端渐尖，长12.8m、宽5.4cm，叶面平展，深绿色有光泽，叶柄基部有2～3个紫红色长肾形大蜜腺。每个花芽1～3朵花，花瓣白色，中等倒卵形，花冠直径3.7cm。雄蕊平均38枚，花粉量较多。

中熟品种，在北京地区6月上旬成熟。果实红色，肾形，果顶平，平均单果重7.08g，最大单果重9.12g，纵径2.25cm、横径2.53cm。果柄中长，平均3.8cm。果实红色至紫红色，果肉肥厚多汁，质地韧，去皮硬度3.92kg/cm²，可溶性固形物含量18.7%，风味酸甜。果汁浅红色，pH 3.82。果核近圆形，平均重0.42g，离核。

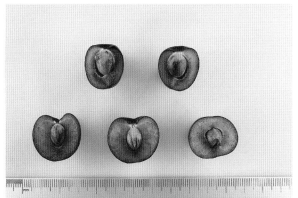

拉拉之星

16. 雷尼（Rainer）

来源: 亲本为宾库和先锋，美国华盛顿州立大学培育。2*n* = 16。

主要性状: 树势健壮，树冠紧凑，幼树生长较直立，随树龄增加逐渐开张，枝条较粗壮。幼树以中、长果枝结果为主，成龄树以短果枝和花束状果枝结果为主，早果丰产性好，产量高。叶片长16.1cm、宽7.6cm，颜色深绿，叶面平展。叶柄基部有浅红色蜜腺，2～3个。花瓣白色，近圆形，分离。花冠直径3.7cm。雄蕊平均36枚，花粉量较多。

中晚熟品种，在北京地区6月上旬成熟，比红灯晚20d左右，比先锋早3～5d。果实横椭圆形，果顶平，平均单果重9.60g，最大单果重11.48g，纵径2.25cm、横径2.31cm。果柄短粗，平均长2.84cm。果实颜色黄底红晕，果肉黄色，质地韧，去皮硬度4.10kg/cm²，可溶性固形物含量21%，果汁pH 3.70，风味酸甜可口，品质优良。果核近圆形，平均重0.31g，半离核。

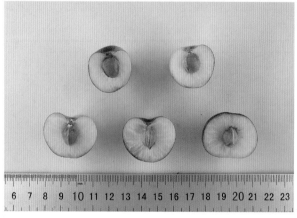

雷　尼

17. 琳达（Linda）

来源：匈牙利品种。$2n = 16$。

主要性状：树势中庸，树姿半开张，萌芽率高，成枝力较强。定植后4年结果，6年丰产。以中短果枝、花束状果枝结果为主，丰产稳产。叶片小，阔椭圆形，先端渐尖，长12.2cm、宽5.4cm，叶面平展，深绿色有光泽，叶柄基部有2～3个紫红色长肾形大蜜腺。每个花芽1～3朵花，花瓣白色，中等圆形，花冠直径3.9cm。雄蕊平均40枚，花粉量较多。

中晚熟品种，在北京地区6月上旬至中旬成熟。果实横椭圆形，果顶平，平均单果重8.45g，最大单果重9.27g，纵径2.48cm、横径2.65cm。果柄较长，平均4.56cm。果实红色至紫红色，果肉肥厚多汁，质地韧，去皮硬度3.43kg/cm^2，可溶性固形物含量18.9%，酸甜可口，品质优良。果汁红色，pH 3.96。果核椭圆形，平均重0.38g，黏核。

琳　达

18. 罗亚安 (Royal Ann)

来源: 古老的法国品种, 亲本未知, 又名Napoleon、Napoleon Bigarreau。$2n = 16$。

主要性状: 树势中庸, 树姿半开张, 萌芽率高, 成枝力较弱。定植后4年结果。盛果期树以短果枝、花束状果枝结果为主, 较丰产。叶片较小, 阔椭圆形, 先端渐尖, 长12.8cm、宽5.9cm, 叶面平展, 深绿色有光泽, 叶柄基部有2～3个紫红色长肾形大蜜腺。每个花芽1～3朵花, 花瓣白色, 圆形, 花冠直径4.1cm。雄蕊平均38枚, 花粉量较多。

中晚熟品种, 在北京地区6月上旬至中旬成熟。果实心形, 果顶平, 平均单果重5.21g, 最大单果重6.33g, 纵径2.24cm、横径2.19cm。果柄中长, 平均3.43cm。果实成熟时黄底红晕, 果肉肥厚多汁, 质地韧, 去皮硬度3.23kg/cm², 可溶性固形物含量18.9%, 酸甜可口, 品质良好。果汁无色, pH 3.49, 果核长椭圆形, 平均重0.26g, 半离核。

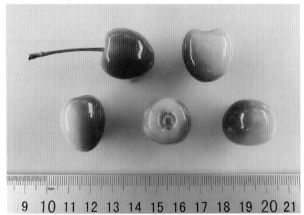
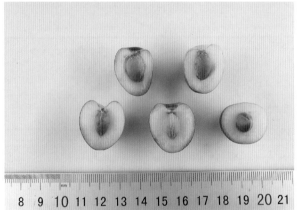

罗亚安

19. 罗亚李（Royal Lee）

来源：美国品种。$2n = 16$。

主要性状：著名的低需冷量品种。树势强健，成龄树树姿开张，分枝力强，以短果枝和花束状果枝结果为主，较丰产稳产。定植后4年结果，6年丰产。叶片较小，阔椭圆形，先端渐尖，长12.4cm、宽5.2cm，叶面平展，深绿色有光泽，叶柄基部有2～3个紫红色长肾形大蜜腺。每个花芽1～3朵花，花瓣白色，中等倒卵形，花冠直径4.1cm。雄蕊平均36枚，花粉量较多。

中熟品种，在北京地区6月初成熟。果实心形，果顶平，平均单果重7.43g，最大单果重8.53g，纵径2.55cm、横径2.48cm。果柄长，平均6.6cm。果实红色至紫红色，果肉肥厚，质地硬，去皮硬度4.87kg/cm^2，可溶性固形物含量19.7%，酸甜可口，品质优良。果汁浅红色，pH 3.94。果核长椭圆形，平均重0.45g，离核。

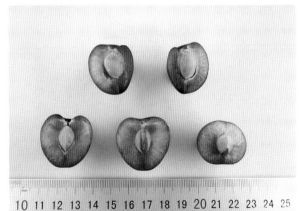

罗亚李

20. 罗亚明 (Minnie Royal)

来源: 美国品种。$2n = 16$。

主要性状: 著名的低需冷量品种。树势强健,成龄树树姿开张,分枝力强,以短果枝和花束状果枝结果为主,较丰产稳产。定植后4年结果,6年丰产。叶片较小,阔卵圆形,先端渐尖,长12.2cm、宽5.1cm,叶面平展,深绿色有光泽,叶柄基部有2～3个浅色长椭圆形大蜜腺。每个花芽1～3朵花,花瓣白色,椭圆形,花冠直径3.3cm。雄蕊平均34枚,花粉量较多。

中熟品种,在北京地区6月初成熟。果实肾形,果顶平,平均单果重8.67g,最大单果重13.27g,果实纵径2.57cm、横径2.7cm。果柄中长,平均3.19cm。果实红色至紫红色,果肉肥厚多汁,质地硬,去皮硬度4.52kg/cm², 可溶性固形物含量20.6%, 酸甜可口,品质上乘。果汁红色,pH 3.66。果核椭圆形,重0.48g,离核。

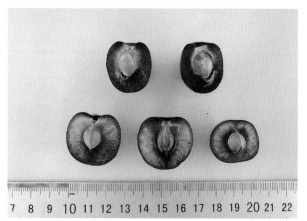

罗亚明

21. 马什哈德（Mashad Black）

来源：伊朗品种。$2n = 16$。

主要性状：树势强健，树姿开张，北京地区表现不丰产。中长果枝和短果枝、花束状果枝比例均衡。叶片大，卵圆形，先端渐尖，长15.9cm、宽8.4cm，叶面平展，深绿色有光泽，叶柄基部有2～3个浅紫红色长肾形大蜜腺。每个花芽1～3朵花，花瓣白色，圆形，花冠直径3.8cm。雄蕊平均36枚，花粉量较多。

晚熟品种，在北京地区6月中旬成熟。果实近圆形，果顶尖，平均单果重11.12g，最大单果重13.41g，纵径2.71cm、横径3.02cm。果柄长，平均5.83cm。果皮红色至紫红色，果肉浅红色，肥厚多汁，质地韧，去皮硬度3.96kg/cm^2，可溶性固形物含量18.9%，果汁pH 3.83，酸甜可口，品质上乘。果核长椭圆形，中等大小，重0.48g，半离核。

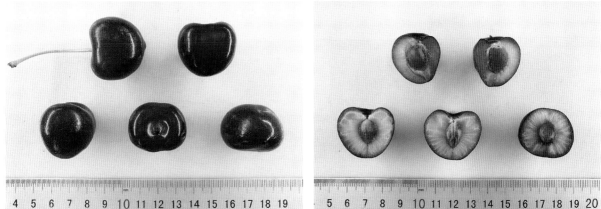
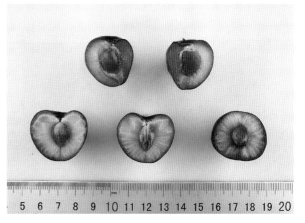

马什哈德

22. 美早（Tieton）

来源：亲本为斯坦拉和Early Burlat，美国华盛顿州立大学育成。$2n = 16$。

主要性状：幼树生长旺盛，分枝多，枝条粗壮，萌芽力高但成枝力中等，进入结果期较晚，以中长果枝结果为主；成龄树树冠大，半开张，以短果枝和花束状果枝结果为主，较丰产。叶片长16.3cm、宽6.5cm，叶片颜色中绿，叶面平展。叶柄长3.5cm，叶柄基部有浅红色蜜腺2～3个。花瓣白色，阔倒卵形，分离，花冠直径4.4cm。雄蕊平均43枚，花粉量较多。

早中熟品种，在北京地区5月下旬成熟，比红灯晚3～5d。果实近圆形，果顶平，平均单果重9.3g，最大单果重10.5g，纵径2.38cm、横径2.7cm。果柄较短，平均3.18cm。果皮红色至紫红色，果肉红色，质地硬，去皮硬度5.25kg/cm²，可溶性固形物含量18.1%，果汁pH 3.60，风味酸甜，品质优良。果核椭圆形，平均重0.43g，半离核。

美 早

23. 秦林（Chelan）

来源：亲本为斯坦拉和Beaulieu，美国华盛顿州立大学育成。2n = 16。

主要性状：树势中庸，树姿开张，分枝力弱，以短果枝和花束状果枝结果为主，较丰产。定植后4年结果。叶片大，阔卵圆形，先端渐尖，长16.6cm、宽7.9cm，叶面平展，深绿色有光泽，叶柄基部有2~3个浅色长椭圆形大蜜腺。每个花芽1~3朵花，花瓣白色，圆形，花冠直径3.9cm。雄蕊平均32枚，花粉量较多。

早熟品种，在北京地区5月下旬成熟。果实肾形，果顶凹，平均单果重6.39g，最大单果重7.73g，纵径2.2cm、横径2.31cm。果柄中长，平均4.0cm。果实红色至紫红色，果肉肥厚多汁，质地较硬，去皮硬度4.67kg/cm²，可溶性固形物含量16.3%，风味酸甜。果汁红色，pH 3.78。果核椭圆形，中等大小，重0.36g，离核。

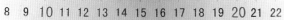

秦　林

24. 如宾（Rubin）

来源： 罗马尼亚皮特什蒂果树研究所育成。$2n = 16$。

主要性状： 树势中庸，树姿半开张，分枝力强，以短果枝和花束状果枝结果为主，丰产。定植后4年结果，6年丰产。叶片特大，阔卵圆形，长16cm、宽8cm，叶面平展，深绿色有光泽，叶柄基部有2～3个浅色长椭圆形大蜜腺。每个花芽1～3朵花，花瓣白色，圆形，花冠直径3.8cm。雄蕊平均43枚，花粉量较多。

中晚熟品种，在北京地区6月中旬成熟。果实近圆形，果顶尖，平均单果重7.97g，最大单果重9.85g，果实纵径2.44cm、横径2.61cm。果柄长，平均5.63cm。果实红色至紫红色，果肉肥厚多汁，质地较硬，去皮硬度4.08kg/cm²，可溶性固形物含量17.6%，风味酸甜。果汁浅红色，pH 3.70。果核长椭圆形，中等大小，重0.33g，黏核。

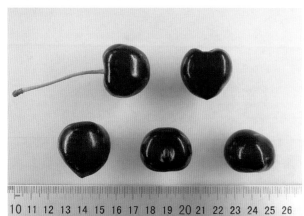
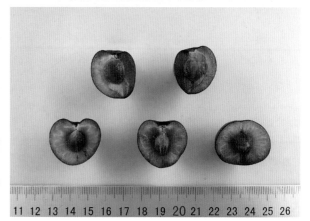

如 宾

25. 萨米脱（Summit）

来源：加拿大太平洋农业与食品研究中心育成。$2n = 16$。

主要性状：树势中庸健壮，节间短，树体紧凑，早果丰产性好，产量高。结果初期以中、长果枝结果为主，盛果期以花束状果枝结果为主。花期较晚，适宜作晚花品种的授粉树。叶片长15.5cm、宽7.2cm，叶片颜色深绿，叶面平展。叶柄长3.8cm，叶柄基部有暗红色蜜腺2～3个。花瓣白色，长椭圆形，分离，花冠直径4.0cm。雄蕊平均39枚，花粉量较多。

中熟品种，在北京地区6月上旬成熟，比先锋早3～5d。果实心形，果顶尖，平均单果重8.51g，最大单果重10.30g，纵径2.5cm，横径2.61cm。果柄较短，平均3.18cm。果皮红色至紫红色，果肉红色，质地较软，去皮硬度3.06kg/cm²，可溶性固形物含量17.5%，果汁pH 3.55，风味酸甜，品质优良。果核椭圆形，平均重0.43g，半离核。

萨米脱

26. 萨姆（Sam）

来源：品种 Windsor 开放授粉后代，加拿大太平洋农业与食品研究中心育成。$2n = 16$。

主要性状：树势强健，成龄树树姿开张，分枝力强，以短果枝和花束状果枝结果为主，丰产稳产，晚花。定植后4年结果，6年丰产。叶片中等，阔卵圆形，先端渐尖，长14.6cm、宽6.9cm，叶面平展，深绿色有光泽，叶柄基部有2～3个浅色长椭圆形大蜜腺。每个花芽1～3朵花，花瓣白色，圆形，花冠直径4.0cm。雄蕊平均41枚，花粉量较多。

早中熟品种，在北京地区5月下旬至6月初成熟。果实心形，果顶平，平均单果重7.41g，最大单果重9.97g，果实纵径2.52cm、横径2.57cm。果柄较长，平均4.76cm。果实红色至紫红色，果肉肥厚多汁，质地软，去皮硬度2.24kg/cm²，可溶性固形物含量15.3%，风味甜酸。果汁红色，pH 3.42，果核椭圆形，中等大小，重0.47g，半离核。

萨 姆

27. 塞拉 （Selah）

来源：美国华盛顿州立大学育成。$2n = 16$。

主要性状：树势强健，成枝力较弱，树姿较直立。定植后4年结果。以短果枝和花束状果枝结果为主，自交可育，较丰产。叶片小，先端渐尖，阔椭圆形，长11.8cm、宽5.3cm，叶面平展，深绿色有光泽，叶柄基部有2～3个紫红色长肾形大蜜腺。每个花芽1～3朵花，花瓣白色，圆形，花冠直径3.6cm。雄蕊平均36枚，花粉量较多。

中晚熟品种，在北京地区6月上旬至中旬成熟。果实横椭圆形，果顶平，平均单果重8.6g，最大单果重10.6g，纵径2.42cm、横径2.82cm。果柄长，平均5.28cm。果实深红色，果肉肥厚多汁，质地韧，去皮硬度3.69kg/cm²，可溶性固形物含量16.9%，风味酸甜。果汁浅红色，pH 3.73。果核近圆形，平均重0.42g，半离核。

 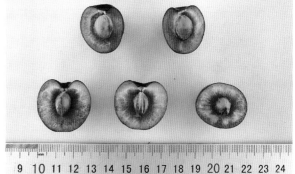

塞 拉

28. 塞莱斯特（Celeste）

来源：加拿大太平洋农业与食品研究中心育成，亲本为先锋和新星。$2n = 16$。

主要性状：树势强健，较紧凑，以短果枝和花束状果枝结果为主，丰产，自交可育。叶片特大，阔卵圆形，先端渐尖，长17.6cm、宽7.3cm，叶面平展，深绿色有光泽，叶柄基部有2～3个浅色长椭圆形大蜜腺。每个花芽1～3朵花，花瓣白色，圆形。花冠直径3.9cm。雄蕊平均38枚，花粉量较多。

中熟品种，在北京地区6月上旬成熟。果实肾形，果顶平，平均单果重8.53g，最大单果重10.85g，纵径2.38cm、横径2.71cm。果柄较长，平均3.82cm。果实红色至紫红色，果肉肥厚多汁，质地韧，去皮硬度3.43kg/cm^2，可溶性固形物含量20.6%，酸甜可口，品质上乘。果汁红色，pH 3.72。果核椭圆形，中等大小，重0.37g，半离核。

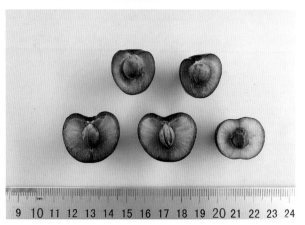

塞莱斯特

29. 桑达拉玫瑰（Sandra Rose）

来源：加拿大太平洋农业与食品研究中心育成，亲本为（Star×Van）和艳阳。$2n=16$。

主要性状：树势中庸，树姿半直立，较开张。定植后4年结果。自交可育，较丰产，盛果期树以短果枝、花束状果枝结果为主。叶片较小，阔椭圆形，先端渐尖，长13.1cm、宽5.8cm，叶面平展，深绿色有光泽，叶柄基部有 2 ~ 3 个紫红色长肾形大蜜腺。每个花芽 1 ~ 3 朵花，花瓣白色，中等倒卵形，花冠直径3.6cm。雄蕊平均34枚，花粉量较多。

中熟品种，在北京地区6月上旬成熟。果实横椭圆形，果顶平，平均单果重8.41g，最大单果重10.64g，纵径2.31cm、横径2.72cm。果柄中长，平均3.6cm。果实红色至紫红色，果肉肥厚多汁，质地较软，去皮硬度2.70kg/cm²，可溶性固形物含量20.1%，酸甜可口，品质优良。果汁浅红色，pH 3.66。果核椭圆形，平均重0.42g，半离核。

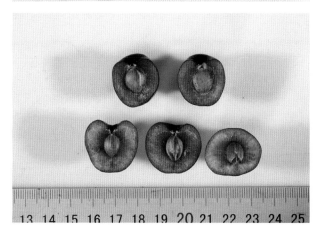

桑达拉玫瑰

30. 桑缇娜（Santina）

来源：加拿大太平洋农业与食品研究中心育成，亲本为斯坦拉和萨米脱。$2n = 16$。

主要性状：树势中庸强健，树姿较开张，分枝力弱，以花束状果枝结果为主，自交可育，较丰产。定植后4年结果。叶片大，阔卵圆形，先端渐尖，长13.8cm、宽6.5cm，叶面平展，深绿色有光泽，叶柄基部有2～3个浅紫红色长椭圆形大蜜腺。每个花芽1～3朵花，花瓣白色，圆形。花冠直径3.0cm。雄蕊平均36枚，花粉量较多。

中熟品种，在北京地区6月上旬成熟。果实圆形，果顶凹，平均单果重8.53g，最大单果重12.16g，纵径2.41cm、横径2.65cm。果柄中长，平均3.8cm。果实紫红色，果肉肥厚多汁，质地韧，去皮硬度3.37kg/cm²，可溶性固形物含量21.4%，酸甜可口，品质上乘。果汁紫红色，pH 3.85。果核圆形，较小，平均重0.37g，半离核。

桑缇娜

31. 斯基娜（Skeena）

来源：加拿大太平洋农业与食品研究中心育成，亲本为（宾库 × 斯坦拉）×（先锋 × 斯坦拉）。$2n = 16$。

主要性状：树势强健，成龄树树姿开张，分枝力强。以短果枝和花束状果枝结果为主，自交可育，较丰产。定植后4年结果，6年丰产。叶片大，阔卵圆形，先端渐尖，长15.3cm、宽7.62cm，叶面平展，深绿色有光泽，叶柄基部有2～3个浅色长椭圆形大蜜腺。每个花芽1～3朵花，花瓣白色，圆形，花冠直径3.5cm。雄蕊平均38枚，花粉量较多。

中晚熟品种，在北京地区6月上旬至中旬成熟。果实圆形，果顶凹，平均单果重8.47g，最大单果重9.72g，纵径2.47cm、横径2.62cm。果柄较长，平均3.8cm。果实红色至紫红色，果肉肥厚多汁，质地较硬，去皮硬度4.06kg/cm^2，可溶性固形物含量19.6%，酸甜可口，品质优良。果汁红色，pH 3.75。果核椭圆形，平均重0.42g，黏核。

斯基娜

32. 斯科耐得斯（Schneiders）

来源：德国品种。$2n = 16$。

主要性状：树势中庸强健，树姿开张，分枝力较强，以短果枝和花束状果枝结果为主，较丰产。定植后4年结果，6年丰产。叶片大，阔卵圆形，先端渐尖，长15.6cm、宽7.3cm，叶面平展，深绿色有光泽，叶柄基部有2～3个浅紫红色长椭圆形大蜜腺。每个花芽1～3朵花，花瓣白色，圆形，花冠直径3.7cm。雄蕊平均37枚，花粉量较多。

中熟品种，在北京地区6月上旬成熟。果实肾形，果顶凹，平均单果重7.37g，最大单果重9.52g，纵径2.45cm、横径2.48cm。果柄中长，平均3.86cm。果实红色，果肉肥厚多汁，质地较韧，去皮硬度3.11kg/cm²，可溶性固形物含量18.6%，风味酸甜可口。果汁浅红色，pH 3.73。果核近圆形，较大，平均重0.44g，半离核。

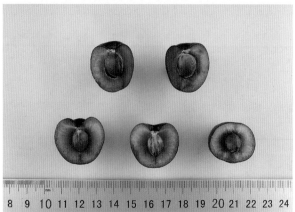

斯科耐得斯

33. 索那塔（Sonata）

来源：美国品种。$2n = 16$。

主要性状：树势强健，较直立。萌芽率高，成枝力较强。定植后4年结果。自交可育，以短果枝、花束状果枝结果为主，较丰产。叶片较小，阔椭圆形，先端渐尖，长12.8cm、宽6.3cm，叶面平展，深绿色有光泽，叶柄基部有2～3个紫红色长肾形大蜜腺。每个花芽1～3朵花，花瓣白色，中等倒卵形，花冠直径3.7cm。雄蕊平均34枚，花粉量较多。

中晚熟品种，在北京地区6月上旬至中旬成熟。果实近圆形，果顶凹，平均单果重6.93g，最大单果重8.50g，纵径2.16cm、横径2.57cm。果柄中长，平均3.82cm。果实红色至紫红色，果肉肥厚多汁，质地较韧，去皮硬度3.57kg/cm²，可溶性固形物含量19.1%，酸甜可口，品质优良。果汁红色，pH 3.86。果核椭圆形，平均重0.4g，半离核。

索那塔

34. 索耐特（Sonet）

来源： 加拿大太平洋农业食品研究中心育成，亲本为先锋和斯坦拉。$2n = 16$。

主要性状： 树势中庸，开张，萌芽率高，成枝力较强。定植后4年结果，6年丰产。丰产性一般，以短果枝、花束状果枝结果为主。树姿半开张，连续结果能力强。叶片较小，阔椭圆形，先端急尖，长12.9cm、宽5.8cm，叶面平展，深绿色有光泽，叶柄基部有2～3个紫红色长肾形大蜜腺。每个花芽1～3朵花，花瓣白色，阔倒卵形，花冠直径4.2cm。雄蕊平均33枚，花粉量较多。

中熟品种，在北京地区6月上旬成熟。果实心形，果顶尖，平均单果重9.13g，最大单果重11.17g，纵径2.62cm、横径2.79cm。果柄较长，平均4.41cm。果实红色，果肉肥厚多汁，质地较韧，去皮硬度3.01kg/cm²，可溶性固形物含量18.4%，风味酸甜。果汁浅红色，pH 3.87。果核椭圆形，平均重0.42g，黏核。

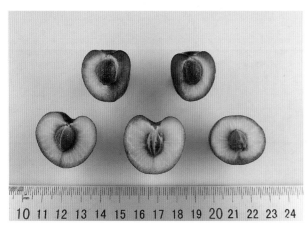

索耐特

35. 甜心（Sweet Heart）

来源： 加拿大太平洋农业与食品研究中心育成，亲本为先锋和新星。$2n = 16$。

主要性状： 树势中庸，树姿开张。萌芽率高，成枝力较强。定植后4年结果，6年丰产。自交可育，丰产，以短果枝、花束状果枝结果为主。叶片大，阔椭圆形，先端渐尖，长15.8cm、宽6.8cm，叶面平展，深绿色有光泽，叶柄基部有2～3个紫红色长肾形大蜜腺。每个花芽1～3朵花，花瓣白色，中等倒卵形，花冠直径4.7cm。雄蕊平均41枚，花粉量较多。

晚熟品种，在北京地区6月中旬成熟。果实圆形，果顶平，平均单果重7.40g，最大单果重9.33g，纵径2.40cm、横径2.52cm。果柄中长，平均3.7cm。果实红色，果肉肥厚多汁，质地韧，去皮硬度3.65kg/cm²，可溶性固形物含量17.1%，风味酸甜。果汁浅红色，pH 3.83。果核近圆形，平均重0.45g，半离核。

 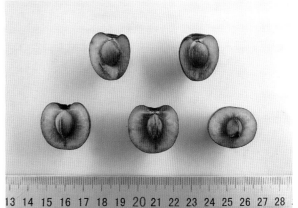

甜　心

36.瓦列里（Valerij Cskalov）

来源：乌克兰品种。2n = 16。

主要性状：树势强健，成龄树树姿开张，分枝力较强。以短果枝和花束状果枝结果为主，丰产。定植后4年结果，6年丰产。叶片大，阔卵圆形，长16.6cm、宽8.2cm，叶面平展，绿色有光泽，叶柄基部有2～3个紫红色长肾形大蜜腺。每个花芽1～3朵花，花瓣白色，近圆形，花冠直径4.5cm。雄蕊平均45枚，花粉量较多。

极早熟品种，在北京地区5月中下旬成熟，与伯兰特成熟期接近。果实肾形，果顶平，平均单果重9.57g，最大单果重11.70g，纵径2.27cm、横径2.66cm。果柄中长，平均3.73cm。果皮红色至紫红色，果肉红色，质地软，去皮硬度2.26kg/cm²，可溶性固形物含量18.3%，果汁pH 3.28，口味甜酸。果核近圆形，中等大小，平均重0.37g，半离核。

瓦列里

37. 先锋（Van）

来源：加拿大太平洋农业与食品研究中心育成，源自品种Empress Eugenie 开放授粉。$2n = 16$。

主要性状：树势中庸健壮，以短果枝和花束状果枝结果为主，早果性好，定植后4年结果，6年丰产，丰产稳产。叶片中大，阔卵圆形，长15.8cm、宽7.4cm，叶面平展，深绿色有光泽，叶柄基部有2～3个浅红色长肾形蜜腺。每个花芽1～3朵花，花瓣白色，圆形，花冠直径3.3cm。雄蕊平均42枚，花粉量较多。

中晚熟品种，在北京地区6月上旬至中旬成熟。果实近圆形，果顶平，平均单果重8.15g，最大单果重9.28g，纵径2.35cm、横径2.64cm。果柄短粗，平均长2.93cm。果实紫红色，丰满肥厚，硬脆多汁，去皮硬度3.75kg/cm^2，可溶性固形物含量19.2%，果汁pH 3.63，酸甜可口，品质上乘。果核椭圆形，中等大小，平均重0.35g，半离核。

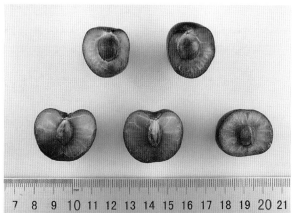

先　锋

38. 艳阳（Sunburst）

来源： 加拿大太平洋农业与食品研究中心育成，亲本为先锋和斯坦拉。$2n = 16$。

主要性状： 树势强健，树姿开张，树冠中大。幼树生长旺盛，半开张，盛果期后树势中庸。自花结实，丰产稳产，定植后4年结果，6年丰产。叶片大，阔卵圆形，长15.8cm、宽8.2cm，叶面平展，深绿色有光泽，叶柄基部有2～3个浅红色长肾形大蜜腺。每个花芽1～3朵花，花瓣白色，圆形，花冠直径3.6cm。雄蕊平均43枚，花粉量较多。

中晚熟品种，在北京地区6月上旬至中旬成熟，比拉宾斯早3～5d。果实圆形，果顶平，平均单果重11.89g，最大单果重14.73g，纵径2.58cm、横径3.04cm。果柄长，平均4.65cm。果实红色，果肉肥厚多汁，去皮硬度3.35kg/cm²，可溶性固形物含量17%，酸甜可口，品质上乘。果汁红色，pH 3.68。果核椭圆形，中等大小，平均重0.37g，半离核。

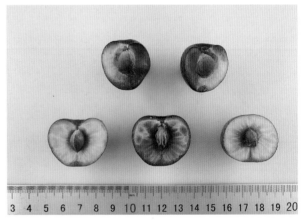

艳　阳

39. 因代克斯（Index）

来源：美国华盛顿州立大学育成，斯坦拉后代。$2n = 16$。

主要性状：树势极强健，成龄树树姿开张，分枝力较强。以短果枝和花束状果枝结果为主，自交可育，较丰产，定植后4年结果。叶片中等，阔卵圆形，先端渐尖，长13.9cm、宽5.9cm，叶面平展，深绿色有光泽，叶柄基部有2～3个浅色长椭圆形大蜜腺。每个花芽1～3朵花，花瓣白色，圆形，花冠直径3.5cm。雄蕊平均32枚，花粉量较多。

中熟品种，在北京地区6月初成熟。果实心形，果顶尖，平均单果重5.47g，最大单果重6.44g，纵径2.4cm、横径2.25cm。果柄中长，平均3.55cm。果实红色至紫红色，果肉肥厚多汁，质地韧，去皮硬度3.01kg/cm²，可溶性固形物含量16.3%，风味酸甜。果汁红色，pH 3.70。果核长椭圆形，较小，平均重0.28g，黏核。

因代克斯

40. 早大果

来源：山东省果树研究所1997年从乌克兰引进的专利品种，2007年通过山东省林木品种审定委员会审定，2012年通过国家林业局审定，已成为众多早熟甜樱桃品种中的主栽品种。S基因型S_1S_9。

主要性状：树体生长健壮，树势中庸，枝条开张。树干红褐色，光滑，皮孔横裂，干性较强，中心干上的侧生分枝基角角度较大。一年生枝黄绿色，结果枝以花束状果枝和长果枝为主。叶片平均长12.8cm、宽7.3cm，叶柄长4.5cm；叶片绿色，长卵形，边缘复锯齿形。叶芽单生，瘦长；花芽中大，饱满，尖卵圆形。每结果枝花芽数量2～7个，多数为3～5个。簇生花序，每花序1～5朵花，花序基部无苞片。花瓣白色，单瓣，花冠直径3.3～3.8cm。

早熟品种，在山东泰安地区5月中旬成熟。果实近圆形，果顶有突起，缝合线紫黑色，梗洼浅中宽。平均单果重9.8g，最大单果重16.1g，纵径2.43cm、横径2.87cm。果柄中长，平均4.42cm。成熟时果实紫红色，鲜亮有光泽。果肉红色，可溶性固形物含量17.6%，风味酸甜，品质优。果核大、圆形，半离核。可食率93.8%，果实硬度大，耐贮运。

早大果

41. 含香（俄8）

来源：俄罗斯1993年育成的优良甜樱桃品种，亲本为尤里亚和瓦列里伊契卡洛夫。$2n = 16$。

主要性状：树势强健，生长旺盛，树姿开张。苗木生长强旺，幼树生长迅速，枝条疏散、粗壮、较长，多斜生、开张，树冠扩大快。自花不结实，丰产稳产，定植后3年结果，5～6年丰产。

叶片大，长椭圆形，长16.1～17.2cm、宽7.8～8.2cm。叶片浓绿，质厚，有光泽。

中熟品种，大连地区6月中旬成熟。果实心脏形，平均单果重12.9g。果皮紫黑色，果肉肥厚硬脆，果肉紫红色，可溶性固形物含量18.9%～22.0%。果个大、味甜，早果、早丰产，耐贮运。

含　香

42. 胜利

来源：山东省果树研究所1997年从乌克兰引进，2007年通过山东省农业品种审定委员会审定。

主要性状：树体生长势强旺，树姿直立，干性较强，枝干较开张，枝条粗壮直立、密集。枝干皮色为棕褐色，一年生枝黄绿色，结果枝以花束状果枝和短果枝为主。叶片肥大，长卵形。叶缘锯齿，叶柄较短，气孔大，芽体大、椭圆形。

中晚熟品种，在山东泰安地区6月上旬成熟。果实个大，品质优良，商品价值高，耐贮运。果实扁圆形，梗洼较宽，平均单果重10.95g。果柄中长，平均3.29cm。果皮深红色，果汁鲜艳、深红色，充分成熟时可溶性固形物含量达19.3%，可食率94.1%，风味甜，果肉硬。

胜 利

43. 友谊

来源：山东省果树研究所1997年从乌克兰引进的专利品种，2007年通过山东省农业品种审定委员会审定。

主要性状：树势中庸，树姿直立，树冠圆头形。中心干上的侧生分枝基角角度较小。树干红褐色，光滑，皮孔横裂，枝条细长。一年生枝黄绿色，结果枝以花束状果枝和短果枝为主。花芽较大，饱满，卵圆形。叶片长椭圆形，浅绿，幼叶黄绿色，叶缘锯齿中大、较钝。

中晚熟品种，山东泰安地区6月上中旬成熟。果实近圆形，梗洼宽，缝线较明显。平均单果重10.78g，最大单果重12.12g，平均纵径2.42cm、横径2.86cm。果柄长，平均4.37cm。果皮深红色，鲜亮有光泽。果肉淡红色，可溶性固形物含量17.3%，果肉硬、多汁，离核，风味酸甜，品质佳，可食率91.1%。早实丰产性强。遇雨易裂果，成熟后果柄易脱落。

友 谊

44. 斯塔克艳红（Starkrimson）

来源：美国中熟品种，亲本为斯坦勒 × 宾库，2n = 16。

主要性状：树姿开张，早实性好，萌芽率93.9%，成枝力中等。结果以腋花芽、花束状结果枝为主，自花结实，极丰产；栽后第3年开始结果，第5年进入盛果初期，每亩产量为742.0kg。

叶片长15.68cm、宽7.20cm，叶片浅绿色，叶片顶端锐尖。叶柄长3.28cm，叶缘复齿，齿浅、钝。蜜腺较小，肾形，深红色，1～4个，多数2个，斜生。

中晚熟品种，在烟台地区6月中旬成熟。果实短心脏形，平均单果重8.7g，最大单果重11.2g。果柄中长，平均3.40cm。果皮红色至紫红色，果肉硬，酸甜可口，可溶性固形物含量18%左右，品质上乘，耐贮运，较抗裂果。

斯塔克艳红

45. 早生凡（Early Compact Van）

来源：加拿大Summerland实验站育成，又名早熟紧凑型先锋，$2n = 16$。

主要性状：树姿半开张，属短枝紧凑型，萌芽率高，成枝力中等。成花易，以叶丛短枝结果为主，第3年结果，第5年丰产。自花不实，适宜选择黑珍珠、水晶、桑提娜作为授粉树。

叶片长卵圆形、浓绿色，大而厚，长12.35cm、宽6.37cm。叶缘锯齿大、钝，复齿，一大一小。叶柄粗短，柄长1.9～2.4cm，平均2.2cm。蜜腺鲜红色至深红色，多位于叶基，肾形，多数2个。

早熟品种，在烟台地区5月下旬成熟。果实肾形，平均单果重8.6g。果柄短，平均2.7cm。果皮鲜红色至深红色，果肉硬脆，可溶性固形物含量17.2%，酸甜可口。成熟期集中。

早生凡

第3部分

中国樱桃品种

1. 红妃樱桃（*P.pseudocerasus* cv.'Hongfei'）

来源与分布： $2n = 4x = 32$，重庆果之王公司2010年选育，系玛瑙红芽变品种，选育过程不详。在我国四川、重庆以及浙江等地栽培，又名"水晶樱桃"，是目前我国南方地区综合表现较好的中国樱桃品种。

主要性状： 幼树生长较旺，结果后树势中庸，易成花。嫁接繁殖，多以山樱花、华中樱桃和野生中国樱桃为砧木，常规栽培，亩产550～650kg，丰产性强。

叶片大，阔卵圆形，6—8月叶片向内侧卷曲，叶色浓绿，叶柄基部有2个蜜腺。伞形花序约5朵花，无花序轴。萼筒钟状，萼片反折。花瓣白色，顶端粉红色，椭圆形，花瓣重叠，顶端浅二裂，花冠直径2.7cm。花期2月中下旬。

中熟品种，在四川成都4月中下旬成熟，简易大棚栽培提早成熟7～10d。果柄较长，果形美观。果实椭圆形，果顶略尖，充分成熟时浅紫红色，果皮浓红光亮，外观艳丽。单果重4～5g，最大单果重7g。可溶性固形物含量13%～16%，在阳光充足高山地区栽培，如攀枝花米易，含量可达20%以上。可滴定酸含量0.5%～0.6%。可食率约94%。果皮较厚，较耐贮运，抗裂果能力强。味甜，品质佳。

红妃樱桃

2. 玛瑙红樱桃（*P.pseudocerasus* cv. 'Manaohong'）

来源与分布：$2n = 4x = 32$，1996年贵州省纳雍县库东关彝族苗族白族乡当地果农偶然发现，2011年经贵州品种审定委员会审定，在贵州、云南和四川等省份广泛栽培。

主要性状：树冠紧凑，直立性强，树势旺盛，结果后树姿自然开张。自花结实，早熟丰产，定植后第2年开始初花试果，第5年进入盛果期。在选育地多以空中压条繁殖，在四川各地以山樱花、华中樱桃和野生中国樱桃为砧木嫁接繁殖，亲和性良好。

叶片椭圆形，叶尖钝尖，叶刻浅，叶色浓绿。花芽侧生，伞形花序，有3～5朵花，花蕾顶端略显粉红色，花冠白色，花瓣顶端浅裂，雌、雄蕊健全，花粉多。花期2月下旬。

中熟品种，在贵州纳雍4月中下旬成熟，成都同此。果实椭圆形，果顶略突，颜色紫红色至黑紫色。单果重3.7～4.2g，最大单果重6.5g。果实离核，果肉厚，可食率91%。可溶性固形物含量13%～16%，在阳光充足高山地区栽培，如攀枝花米易，含量可达20%以上。可滴定酸含量0.5%～0.6%。果皮较厚，较耐贮运，抗裂果能力强。味甜，品质佳。除颜色较深和果实略小外，其他性状同红妃。

玛瑙红樱桃

3. 黑珍珠樱桃 (*P.pseudocerasus* cv. 'Heizhenzhu')

来源与分布：$2n = 4x = 32$，重庆南方果树研究所选自重庆巴南地方种质乌皮樱桃芽变株系，1993年通过品种认定，在重庆、四川和南方各省份广泛栽培。

主要性状：树冠圆头形，幼树树姿直立，成年树开张。树干浅灰色，多年生枝灰褐色，皮细光滑，皮孔密、凸、近圆形。成枝力强，易抽发直立徒长枝，栽培常用有主干树形。通常以近缘野生樱桃为砧木进行嫁接繁殖，亲和性良好。生长势强，栽植第2年挂果，第4年进入丰产期。

叶片近圆形，边缘锯齿较稀，叶色浓绿，平展、光滑，叶芽细长。花芽肥大，心脏形，花芽多簇生于结果枝中下部。伞形花序有花朵3～5朵，萼筒钟状，萼片卵状三角形，光滑无毛，紫褐色。花瓣白色，顶端浅紫色。花期2月底至3月初。

中晚熟品种，果实发育期较长，在重庆4月下旬至5月上旬成熟，较红妃晚7～10 d。簇状结果，果柄较短，果实成熟时果实与果柄极易分离。果实近圆形，单果重2.5～3.0g，最大单果重可达4.5g。果皮较厚，成熟时为黑红色，呈紫黑发亮。可溶性固形物含量15%～18%，可滴定酸含量0.5%～0.6%，可食率90%。不裂果，但因果柄易脱落，不耐贮运。

黑珍珠樱桃

4. 蒲江红花樱桃 (*P. pseudocerasus* 'Pujianghonghua')

来源与分布: $2n = 4x = 32$, 四川蒲江地方栽培种质, 栽培历史悠久, 栽培面积较大, 与本地野生中国樱桃性状相似, 疑为本地野生资源驯化而来, 是当地发展乡村旅游的重要载体。

主要性状: 树势强健, 树姿直立, 生长势旺盛, 自然生长树高可达5m以上。一年生枝红褐色, 无毛, 有光泽。小枝灰色, 被稀疏柔毛。在当地常以分蘖或压条繁殖为主, 栽植后第2年开花结果, 第4~5年进入盛果期。耐贫瘠, 抗病虫能力强, 适应性广, 耐粗放管理。

叶片倒卵状椭圆形, 急尖, 宽楔形, 齿端有锥状腺体。叶柄先端有2个盘状腺体。花序近伞房总状, 有3~6朵花, 总梗较短。萼筒钟状, 萼片卵状三角形, 光滑无毛, 褐色。花瓣未开时紫红色, 开放后颜色逐渐转淡至白色, 顶端粉红色, 浅二裂。花瓣椭圆形, 较小。花期较早, 2月上旬至中旬。

较早熟, 在四川成都4月中旬成熟。果实圆球形, 果顶较平圆, 无明显果尖。果实较小, 单果重1.5~2.0g, 果柄长1.7~2.1cm。果实成熟时亮红色, 可溶性固形物含量12%~14%, 风味甜酸。

蒲江红花樱桃

5. 南早红樱桃（*P.pseudocerasus* cv.'Nanzaohong'）

来源与分布： 重庆果之王公司选育，来源和选育时间不详。经多年观测，其性状与浙江诸暨葛家坞樱桃极其相似，疑从诸暨短柄樱桃中选育，适宜南方短寒湿温季节气候，在重庆、四川和浙江等地广泛栽培。

主要性状： 树势强健，干性较强，树势半开张。层次不明显，树冠前期较直立，结果后陆续开张，多呈圆头形。多以本地野生樱桃为砧木进行嫁接繁殖，一年生苗木定植当年即可形成大量花芽，翌年开花结果，早果性好。多年生枝连续结果能力较强，较稳产。常规栽培，亩产500～550 kg。

叶片卵圆形，浓绿色，叶片较厚，叶背面被较多茸毛，叶较平展，先端急尖。叶片与其他中国樱桃差异较大，可作为识别特征之一。花芽近圆形，伞形花序有3～5朵花，花瓣白色，椭圆形，顶端浅二裂，花丝粉红色，谢花后尤为明显。萼片反折，红褐色，与花梗均被较多茸毛。花柱与雄蕊近等长。花期较早，2月中下旬开花。

极早熟品种，果实发育期极短，一般谢花后35d成熟，在成都地区3月下旬至4月上中旬成熟，较同一地红妃樱桃早上市5～7 d，较黑珍珠樱桃早15～20 d。果实扁圆球形，果顶略凹，单果重3.8～4.3g，属中大果型品种。果柄长1.8～2.4cm，被稀疏短柔毛。果皮橙红色，果肉细而多汁，可溶性固形物含量11%～13%，可滴定酸含量0.5%以下，汁多，风味较淡。抗裂果能力极强。

南早红樱桃

6. 彭州白樱桃（*P.pseudocerasus* 'Pengzhoubai'）

来源与分布：$2n = 4x = 32$，四川省彭州市地方栽培种质，系当地红樱桃种质中芽变株系，在四川彭州栽培较多，引种四川雅安、北川以及贵州毕节等地表现良好。

主要性状：树势强健，树体生长较强，层次较明显，树冠前期较直立，结果后逐渐开张，主干多呈开心形。彭州当地过去采用空中压条和根蘖进行繁殖，现多以本地野生樱桃为砧木进行嫁接繁殖。

多年生枝灰褐色，一年生枝灰白色，皮孔近圆形，较明显，新梢绿色。叶片阔卵圆形，基部有2个大腺体，叶片较大。伞形花序有约5朵花，无花序轴。萼筒钟状，萼片嫩绿色，花后反折。花瓣椭圆形，白色，花瓣重叠，顶端浅二裂，花冠直径2.2cm。花芽多簇生于结果枝中部，花期2月底至3月初。

较晚熟品种，在四川成都地区4月下旬成熟。果实扁圆球形，果顶略凹，单果重4～5g。果柄较短，长1.3～1.6cm。果皮黄色，有光泽，果肉乳黄色，可溶性固形物含量13%～15%，可滴定酸含量0.6%～0.7%，可食率94%，风味浓郁，品质佳。

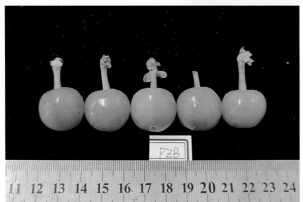

彭州白樱桃

7. 泸定红樱桃 (*P. pseudocerasus* 'Ludinghong')

来源与分布：$2n = 4x = 32$，四川省甘孜藏族自治州泸定县地方栽培种质，在当地栽培历史悠久，多处可见近百年大树，栽培面积较大，品质优良，2011年获得国家农产品地理标志登记保护。

主要性状：树势中庸，生长较缓慢，树冠较开张，正常管理下树冠多为圆头形。萌芽力强，枝梢抽发量大，枝叶茂密。老枝黑褐色，新梢黄绿色。叶片卵圆形或长椭圆形，浓绿色，基部椭圆或卵圆形，叶缘有小锯齿，叶柄顶端有2个腺体。在当地多以根蘖繁殖为主。多年生老枝结果能力强，丰产性和抗逆性强，在疏于管理的情况下依然丰产。

花序为伞形花序，有2～5朵花。花梗和萼片呈紫红色。花瓣倒卵圆形，白色，顶端浅裂。雌蕊1～2枚，雄蕊多数，花柱长于雄蕊，呈V形开裂。花期2月下旬至3月上中旬。

随当地海拔变化，果实成熟期4月上旬至6月中旬。果实圆球形或长圆球形，果顶略凹，呈深红色或暗红色，果皮薄，有光泽。单果重2.5～3.5g，果柄较短。果肉松软，轻度离核，可溶性固形物含量12%～15%，可滴定酸含量约0.7%，风味浓郁。丰产性高，抗逆性强。

泸定红樱桃

8. 米易黄草樱桃（*P.pseudocerasus* 'Huangcao'）

来源与分布：$2n = 4x = 32$，四川省攀枝花市米易县黄草村地方栽培种质，在当地及周边乡镇栽培面积大。

主要性状：树势生长强健，直立性较强，生长较为迅速，年生长量较大。正常管理树冠多呈分层形，树姿较开张。多年生枝灰褐色，皮孔大而密，突起明显，一年生枝绿色，当地多以根蘖繁殖为主。

叶片卵圆形，浓绿色，较大，基部椭圆形，叶缘有细锯齿，叶柄顶端有2个腺体。伞形花序，有3～6朵花。花瓣未开时先端呈浅粉色，开放后白色，卵圆形，顶端浅裂。在米易县花期为2月初。

中熟品种，在米易县黄草村成熟较早，一般4月上旬成熟。高海拔地区4月下旬成熟，在成都平原4月中下旬成熟。果实扁圆形，果顶略凹，果皮红色。单果重2.5～3.5g，果柄短，多数小于1cm。果肉柔软细嫩多汁，在米易可溶性固形物含量达18%～21%，可滴定酸含量0.6%～0.7%，风味浓郁。丰产性高，抗性强。

米易黄草樱桃

9.燥樱桃（*P.pseudocerasus* 'Zaoyingtao'）

来源与分布： $2n = 4x = 32$，河南和安徽部分地区栽培，在郑州和洛阳分别有一个古樱园址，有记载300年古樱树。

主要性状： 树势中庸，生长较为缓慢，主干不明显、年生长量小，树冠圆头形或丛生状扇形，树姿开张。多年生枝灰褐色，粗壮，嫩枝绿色。河南各地主要采用根蘗繁殖，部分果园用大青叶樱桃（*Cerasus pseudocerasus*）作砧木进行嫁接繁殖。

叶片卵圆形，较小，顶端渐尖，基部近圆形，边有细锐锯齿，叶脉突出，侧脉9～12对。伞形或伞房花序，有3～6朵花，总梗较短，花瓣白色、较小。

中晚熟品种，在河南地区5月上中旬成熟；引种四川成都，2月中下旬开花，4月下旬至5月上旬成熟。果实卵圆形，果顶凸，并呈现"歪嘴"状，又称"歪嘴樱桃"。单果重2.0～3.0g，可食率93%。果柄长1.5～1.7cm，密被白色短柔毛。果皮成熟时深红色，有光泽，可溶性固形物含量14%～16%，可滴定酸含量0.6%～0.7%，风味浓郁，酸甜。果核表面有显著棱纹，先端尖。丰产性强，抗逆性强。

燥樱桃

10. 大窝娄叶 (*P.pseudocerasus* 'Dawolouye')

来源与分布：$2n = 4x = 32$，原产于山东省枣庄市市中区，是当地重要的地方种质，在当地栽培历史悠久，现存有150余年生大树，是当地露地及保护地栽培的主栽优良资源。

主要性状：树势强健，较直立。树冠丛状，树姿开张，主干不明显。枝条密度中等，多年生枝黑褐色，粗壮，嫩枝浅绿色。萌芽力和成枝力强，以花束状果枝和短果枝结果为主。当地主要采用根蘖分株繁殖。

叶片大卵圆形，浓绿色，有光泽，表面皱缩不平，向后反卷，俗称"窝娄"。叶尖突尖而短，基部卵圆形，叶缘锯齿密，有少量复锯齿，叶脉明显。伞形花序，有3～6朵花，花瓣白色，中等大小，先端微凹。

中晚熟品种，当地5月上中旬成熟。果实近圆形，果顶微凸，果柄中长，长1.5～1.7cm，被稀疏茸毛。果实较大，单果重2.5～3.0g。果皮暗紫红色，有光泽，较厚，易剥离，皮下有淡黄色小点。果肉淡黄微带红色，果汁中多，肉质较致密，有弹性，离核。味甜，有香味，可溶性固形物含量17.3%，品质上等。

大窝娄叶

11. 蒙自鸣鹫樱桃（*P.pseudocerasus* 'Mingjiuyingtao'）

来源与分布：$2n = 4x = 32$，原产于云南省红河哈尼族彝族自治州蒙自市鸣鹫镇，是当地重要的地方种质，栽培历史悠久，栽培面积较大，是当地乡村旅游的重要载体之一。

主要性状：树势中庸，树姿较开张。树冠分层形，丛状，主干不明显。枝条密度较大，多年生枝黑褐色，粗壮，嫩枝浅绿色。萌芽力强，成枝力较弱，以花束状果枝和短果枝结果为主。在当地主要采用根蘖分株繁殖。

叶片大卵圆形，浅绿色，有光泽，表面平整。叶尖急尖较短，基部卵圆形，叶缘锯齿较密，有少量复锯齿，叶脉明显。伞形花序，有5～6朵花，花瓣白色，较大，先端微凹。当地2月初开花。

中晚熟品种，当地4月中下旬成熟。果实近圆形，果顶微凹，果柄短，长0.9～1.2cm，光滑无毛。果实较大，单果重3.5～4.0g。果实亮红色，有光泽，果皮较厚，易剥离。果肉淡黄色，果汁中多，肉质较致密，离核。味甜，有香味，可溶性固形物含量15%～18%，可滴定酸含量0.7%～0.8%，风味浓郁，酸甜。丰产性强，抗逆性强。

蒙自鸣鹫樱桃

12. 蓉津樱桃（*P. pseudocerasus* 'Rongjinyingtao'）

来源与分布: $2n = 4x = 32$，四川龙泉驿农户自然实生优良单株，还未进行推广栽培，处于试验观察阶段，经过6年的观察发现表现良好。

主要性状: 树势强健，较直立。树冠分层形，主干较明显。年生长量大，可培养主干形或开心形树形。枝条密度中等，多年生枝灰白色，粗壮，嫩枝浅绿色。萌芽力、成枝力强，以短果枝和中果枝结果为主。以本地野生樱桃为砧木进行嫁接繁殖，嫁接第2年试果，4～5年进入丰产。

叶片大，长椭圆形，深绿色，有光泽，表面平整。叶尖渐尖较短，基部楔形，叶缘锯齿较稀疏，叶脉明显。伞形花序，有3～6朵花，花瓣白色，较大，先端微凹。当地2月中下旬开花。

晚熟品种，果实发育时间长，在成都平原4月下旬至5月初成熟。果实心形，果顶微凸，果柄中等，长1.2～1.6cm，光滑无毛。果实较大，单果重4.5～5.6g，最大单果重6.8g。果实黄底红晕，有光泽。果皮较厚，易剥离。果肉淡黄色，果汁中多，肉质较致密。味甜，有香味，可溶性固形物含量12%～15%，可滴定酸含量0.7%～0.9%，风味浓郁，酸甜。丰产性强，抗逆性强。

蓉津樱桃

13. 川樱1号 (*P. pseudocerasus* 'Chuanying No.1')

来源：四川农业大学樱桃课题组从红妃樱桃×蒲江红花樱桃杂交后代中选育的优良单株。

主要性状：树势强健，树姿开张，结果后呈自然开心形。枝条萌发力强，嫩枝绿色，小枝灰褐色，光滑，粗壮，皮孔大而密，突起明显。以野生中国樱桃为砧木，嫁接后第2年试花结果。

叶片宽卵圆形，基部近圆形，渐尖，叶缘缺刻状锯齿。叶柄基部有2个浅红色大蜜腺。伞形花序，有3～5朵花，花瓣白色。花期2月下旬。

早熟品系，在成都地区4月上中旬成熟。果实椭球形，果顶略尖。单果重3.0～4.0g，果柄长1.4～1.5cm。果皮深红色，有光泽，成熟时呈紫红色。果肉淡红色，可溶性固形物含量15%～17%，风味酸甜，品质佳。果肉硬溶质，不易裂果，较耐贮运。丰产性高。

川樱1号

14. 川樱2号 (*P. pseudocerasus* 'Chuanying No.2')

来源： 四川农业大学樱桃课题组从红妃樱桃×蒲江红花樱桃杂交后代中选育的优良单株。

主要性状： 树势强健，树姿开张。小枝灰褐色，光滑，皮孔稀疏，嫩枝绿色。以野生中国樱桃为砧木，嫁接后第2年试花结果。

叶片宽卵圆形，基部近圆形，渐尖，叶缘缺刻状锯齿。叶柄基部有2个蜜腺。伞房花序，有3～5朵花，萼片反折，苞片红褐色，总梗长约1.8cm。花瓣白色，顶端浅粉色。花期2月底至3月初。

早熟品系，在成都地区4月上旬成熟。果实卵圆形，果顶平。单果重3～4g。果柄长1.8～2.4cm，较长，被稀疏茸毛。果皮深红色，有光泽。果肉淡红色，可溶性固形物含量15%～17%，风味酸甜。果皮较厚，较耐储运。

川樱2号

15.川樱3号 (*P.pseudocerasus* 'Chuanying No.3')

来源：四川农业大学樱桃课题组从红妃樱桃×蒲江红花樱桃杂交后代中选育的优良单株。

主要性状：树势强健，树姿半开张。一年生枝绿色，多年生枝灰褐色，光滑，皮孔较大，突起明显。以中国樱桃为砧木，嫁接后第2年试花结果。

叶片卵圆形，基部近圆形，渐尖，叶缘缺刻状细锯齿。叶柄基部有1～2个蜜腺。伞房花序，有3～6朵花，几无总梗。苞片褐色，萼筒钟状，萼片反折。花瓣椭圆形，白色，顶端粉红色，浅二裂。雄蕊28～32枚，花柱明显较雄蕊长。花期2月下旬。

中熟品系，在成都地区4月中下旬成熟。果穗形状优美，果实椭圆球形，果顶平。单果重4～5g。果柄较长，长2.5～2.9cm。果皮亮红色，有光泽。果肉淡红色，可溶性固形物含量14%～17%，风味酸甜，品质佳。

川樱3号

16. 川樱4号 (*P.pseudocerasus* 'Chuanying No.4')

来源：四川农业大学樱桃课题组从红妃樱桃 × 蒲江红花樱桃杂交后代中选育的优良单株。

主要性状：树势强健，树姿开张。枝条萌发力强，一年生枝绿色，多年生枝灰褐色，皮孔较大，突起明显。以中国樱桃为砧木，嫁接后第2年试花结果。

叶片宽卵圆形，基部近圆形，渐尖，叶缘缺刻状锯齿。叶柄基部有2个蜜腺。伞房花序，有3 ~ 5朵花，萼片反折，苞片红褐色，总梗较长。花瓣白色，顶端浅粉色。雄蕊25 ~ 30枚，花柱略长于雄蕊。花期2月中旬。

早熟品系，在成都地区4月上中旬成熟。果实近圆形，果顶平。单果重2 ~ 3g。果柄较长，长2.5cm以上。果皮较厚，深红色，有光泽。果肉淡红色，可溶性固形物含量18% ~ 21%，风味浓甜，较耐贮运，品质佳。

川樱4号

17. 川樱5号 (*P. pseudocerasus* 'Chuanying No.5')

来源：四川农业大学樱桃课题组从红妃樱桃×蒲江红花樱桃杂交后代中选育的优良单株。

主要性状：树势强健，树姿半开张。小枝灰褐色，嫩枝绿色，皮孔较大，突起明显。以中国樱桃为砧木，嫁接后第2年试花结果。

叶片宽卵圆形，基部近圆形，渐尖，叶缘缺刻状细锯齿。叶柄基部有1～2个蜜腺。伞形花序，有3～5朵花，萼片反折，苞片红褐色。花瓣白色，顶端紫红色。花柱明显较雄蕊长。花期2月下旬。

早熟品系，在成都地区4月上中旬成熟。果实近圆形，果顶平。单果重3.5～4.5g。果柄短，长1.7～2.0cm。果皮红色，果肉淡红色，可溶性固形物含量16%～18%，风味浓郁，酸甜。

川樱5号

18.川樱6号（*P. pseudocerasus* 'Chuanying No.6'）

来源： 四川农业大学樱桃课题组从红妃樱桃×蒲江红花樱桃杂交后代中选育的优良单株。

主要性状： 树势强健，树姿半开张。小枝灰褐色，光滑，皮孔较大，突起明显，嫩枝绿色。以中国樱桃为砧木，嫁接后第2年试花结果。

叶片宽卵圆形，基部近圆形，渐尖，叶缘缺刻状细锯齿。叶柄基部有1～2个蜜腺。花序近伞形，有2～4朵花。花瓣白色，顶端粉红色，浅二裂。花期2月下旬。

中熟品系，在成都地区4月中下旬成熟。果实肾形，果顶略凹。单果重4～5g。果柄长1.3～1.5cm。果皮红色，有光泽。果肉淡红色，可溶性固形物含量14%～16%，风味酸甜，品质佳。

川樱6号

19. 川樱7号（*P. pseudocerasus* 'Chuanying No.7'）

来源： 四川农业大学樱桃课题组从红妃樱桃×蒲江红花樱桃杂交后代中选育的优良单株。

主要性状： 树势强健，树姿半开张。一年生枝绿色，多年生枝灰褐色，光滑，皮孔较大，突起明显。以中国樱桃为砧木，嫁接后第2年试花结果。

叶片宽卵圆形，基部近圆形，先端渐尖，叶缘缺刻状细锯齿，侧脉9～12对。叶柄基部有1～2个蜜腺。伞形花序，有3～6朵花，萼片反折，苞片褐色，几无总梗。花瓣白色，顶端浅二裂。花期2月下旬。

早熟品系，在成都地区4月上中旬成熟。果穗形状美观，果实椭圆球形，果顶平。单果重3～4g。果柄较长，长2.3～2.6cm。果皮深红色，有光泽。果肉淡红色，可溶性固形物含量15%～17%，风味酸甜。较耐贮运，丰产性强。

川樱7号

20.川樱8号（*P.pseudocerasus* 'Chuanying No.8'）

来源：四川农业大学樱桃课题组从红妃樱桃×南早红樱桃杂交后代中选育的优良单株。

主要性状：树势强健，树姿半开张。一年生枝绿色，多年生枝灰褐色，光滑，皮孔较大，突起明显。以中国樱桃为砧木，嫁接后第2年试花结果。丰产性高。

叶片宽卵圆形，基部近圆形，先端渐尖，叶缘缺刻状锯齿。叶柄基部有2个腺体。伞房花序，有3～6朵花，萼片反折，苞片褐色。花瓣白色，顶端粉红色。花期2月下旬。

早熟品系，在成都地区4月上中旬成熟。果实肾形，果顶平，腹缝线呈黑色。单果重2～3g。果柄长3.1～3.6cm，密被短柔毛。果皮深红色，果肉淡红色，可溶性固形物含量15%～18%，风味浓甜。丰产性高，较耐贮运。

川樱8号

21.川樱9号（*P.pseudocerasus* 'Chuanying No.9'）

来源：四川农业大学樱桃课题组从南早红樱桃×红妃樱桃杂交后代中选育的优良单株。

主要性状：树势强健，树姿半开张。一年生枝绿色，多年生枝灰褐色，光滑，皮孔小而密。以中国樱桃为砧木，嫁接后第2年试花结果。

叶片宽卵圆形，基部近圆形，渐尖，叶缘细锯齿。叶柄基部腺体不明显。伞房花序，有3～5朵花，萼片反折，苞片红褐色。花蕾期粉红色，花瓣开放时白色，顶端浅粉色，浅二裂。雄蕊30～35枚，花柱与雄蕊近等长。花期2月下旬。

早熟品系，在成都地区4月上旬成熟。果实近圆形，果顶平，与母本南早红近似。单果重4～5g，果柄长3.0～3.4cm。果皮橙红色，果肉黄白色，可溶性固形物含量13%～16%，风味酸甜，品质佳。

川樱9号

22. 川樱10号 (*P.pseudocerasus* 'Chuanying No.10')

来源：四川农业大学樱桃课题组从彭州白樱桃×红妃樱桃杂交后代中选育的优良单株。

主要性状：树势强健，树姿半开张。一年生枝绿色，多年生枝灰褐色，皮孔小而密。以中国樱桃为砧木，嫁接后第2年试花结果。

叶片阔卵圆形，基部近圆形，渐尖，叶缘缺刻状锯齿。叶柄基部腺体不明显。花2～3朵簇生，萼片反折，苞片褐色。花瓣白色，顶端浅二裂。花期2月下旬。

早熟品系，在成都地区4月上旬成熟。果实肾形，果顶略尖，腹缝线明显。单果重3～4g，果柄长2.2cm。果皮紫红色，有光泽。果肉浅红色，可溶性固形物含量16%～18%，风味浓甜。

川樱10号

23. 越星（川认果2020 024）

来源：中国樱桃，来自浙江诸暨樱桃地方优系。

主要性状：树势较旺，萌芽率高，成枝力中等。幼树直立性较强，成龄树开张，嫩梢浅绿色。定植后2年结果，3～4年丰产。

叶片大、下垂、质厚，宽卵圆形，长16～17cm、宽10～12cm，正面墨绿色、稍粗糙、有光泽，背面浅绿色、少茸毛。叶缘有细腺锯齿，具2片托叶。叶柄中短粗，长1.2～1.5cm，具浅沟。每片成熟叶上有1～2个红色圆形叶腺。总状花序，2～6朵花。

极早熟品种，成都周边4月中旬成熟。果实心脏形，果皮深红色，富有光泽。果柄中短，长1.7～2.2cm，有茸毛。果个较大，平均单果重3.6g。汁多味甜，可溶性固形物含量17.5%，可食率95.1%。果柄不易脱落，较耐贮运，果实硬度0.15kg/cm²。果核扁卵圆形，表面较光滑、少棱纹。种胚败育率57.6%。

越　星

24. 早丰（川认果2020 025）

来源： 中国樱桃，来自四川米易黄草中国樱桃优系。

主要性状： 树势强健，生长较旺盛。萌芽率高，成枝力较强。幼树直立性较强，成龄树较开张，嫩梢黄绿色。定植后2年结果，3年丰产。

叶片中大而平、质地中厚，椭圆形，长15～19cm、宽8～12cm，正面绿色、光滑、有光泽，背面浅绿色、无茸毛。叶缘复锯齿，具2片托叶。叶柄中短粗，长1.7～2.0cm，具浅沟。成熟叶片上有1～2个红色圆形叶腺。总状花序，2～7朵花。

中熟品种，成都周边4月中下旬成熟。果实心脏形，果皮橙红色，富有光泽。果柄短，长1.3～1.5cm，无茸毛。果个较大，平均单果重3.4g。汁多、味甜酸，可溶性固形物含量14.1%，总糖含量9.5%，总酸含量0.74%，100g果肉维生素C含量9.20mg，β胡萝卜素含量2.03mg/kg，果实硬度0.15kg/cm^2，可食率91.8%。果核扁圆形，表面较光滑、少棱纹。种胚败育率16.7%。

早 丰

25. 襄星（川认果2020 023）

来源：中国樱桃，来自四川汉源九襄中国樱桃优系。

主要性状：树势强健，生长旺盛。萌芽率高，成枝力强。幼树直立性强，成龄树半开张。嫩梢浅红色。定植后3年结果，4~5年丰产。

叶片大而平、质厚，卵圆形，正面深绿色、光滑，有光泽，背面浅绿色、几乎无茸毛。叶缘复锯齿，具2片托叶。叶柄短粗，长1.2~1.5cm，紫红色，具浅沟。每片成熟叶上有1~2个红色肾形叶腺。总状花序，2~7朵花，基部具红色叶状苞片，花芽大而饱满，花冠直径2.0~2.5cm。花瓣白色，通常5瓣，椭圆形，长1.5cm、宽1.1cm。雄蕊22~30枚，花柱与雄蕊近等长。

中熟品种，成都周边地区4月中下旬成熟。果实短心脏形，果皮紫红色，富有光泽。果柄短粗，长1.0~1.5cm。果个较大，平均单果重3.3g。汁多味甜，可溶性固形物含量15.5%，可食率89.4%，果实硬度0.20kg/cm^2。果皮稍厚，较耐贮运。果核卵球形，核表面有数条棱纹。种胚败育率14.3%。

襄　星

26. 玛瑙红（红妃、水晶）

来源：中国樱桃，来自贵州省纳雍县中国樱桃优系。

主要性状：树势强健，生长较旺盛，萌芽率高，成枝力强。早结性、丰产性较强，生理落果较重。成熟叶片易卷曲。定植后2年结果，3～4年丰产。

中早熟品种，成都周边地区4月中旬成熟。果实心脏形，果皮鲜红色，富光泽，果实中间缝合线明显，果柄无茸毛。平均单果重3.8g，最大单果重可达6.5g。果实汁多、味清甜，风味浓。果肉可溶性固形物含量15.2%，总糖含量11.2%，总酸含量0.64%，100g果肉维生素C含量10.2mg，β胡萝卜素含量2.18mg/kg，果实硬度0.16kg/cm^2，可食率93.4%。种胚败育率30.1%。果实较耐贮运。

玛瑙红

第4部分

酸樱桃品种

1. 奥德

　　来源：奥德属欧洲酸樱桃品种。1995年从匈牙利引入，*Prunus avium × Prunus fruticosa* 的自然杂交种，为中晚熟酸樱桃品种。由西北农林科技大学选育审定。

　　主要性状：奥德属欧洲酸樱桃（*Prunus cerasus*）。乔木，树冠高达2.5 ～ 3.5m，树皮暗褐色。嫩枝无毛，绿色，成熟后转为红褐色。冬芽卵状椭圆形，无毛。在三原地区3月中下旬萌芽，展叶期在3月下旬。叶片倒卵状椭圆形或卵形，长5 ～ 11cm，宽3 ～ 6cm，先端急尖，基部楔形，常有2 ～ 4个腺，叶边有细密重锯齿，下面绿色，无毛，有侧脉7 ～ 9对。叶柄长2 ～ 3cm，托叶线形，长约0.8cm，边有腺齿。花序伞形，有2 ～ 4朵花，花叶同开，基部常有直立叶状鳞片。在三原地区开花初期3月30日，开花盛期4月5日。总梗不明显，花梗长1.5 ～ 3.0cm，无毛。萼筒钟状，无毛，萼片三角形，开花后反折。花瓣白色，倒卵圆形，先端微下凹。花柱与雄蕊近等长，无毛，自花授粉。果实成熟期在三原地区为5月下旬。果实扁球形，纵径1.80cm、横径2.01cm。表面颜色为紫红色，有光泽，果实酸，果汁多。适宜机械采收，是优良加工品种。

奥　德

2. 玫蕾

来源：玫蕾属欧洲酸樱桃（*Prunus cerasus*），为野生酸樱桃实生选育品种，并由西北农林科技大学选育审定。

主要性状：植株生长健壮，乔木，树姿开张，萌芽力及成枝力强，树冠纺锤形，冠高3.0 ~ 3.5m，树皮暗褐色。嫩枝无毛，起初绿色，后转为红褐色。叶片倒卵状椭圆形或卵形，叶色浓绿，长6 ~ 13cm，宽3 ~ 7cm，有侧脉7 ~ 9对。叶柄长2 ~ 3cm，托叶线形。自花授粉，属中晚熟品种。9年生树平均干高51.6cm，冠径3.38m×3.57m，干周38cm。

果实球形，纵径15.8mm、横径17.5mm，平均单果重5.3g。果皮红色，有光泽。风味甜酸、浓郁，果汁多。果肉红色，总糖含量8.92%，总酸含量1.49%。适宜机械采收。早实性强，一般栽植后第3年开始挂果，4年丰产。株产25.13kg（亩密度83株），亩产2 085.79kg。

玫 蕾

3. 奥杰

来源：奥杰属欧洲酸樱桃（*Prunus cerasus*），为野生酸樱桃实生选育品种，并由西北农林科技大学选育审定。

主要性状：植株生长健壮，乔木，树姿开张，成枝力强，树冠纺锤形，冠高2.8～3.8m，树皮暗褐色。嫩枝无毛，起初绿色，后转为红褐色。叶片倒卵状椭圆形或卵形，叶色浓绿，长7～14cm、宽4～9cm，侧脉7～9对。叶柄长3～4cm，托叶线形。自花授粉，属中熟品种。9年生树平均干高47.1cm，冠径3.12m×3.20m，干周41cm。

果形扁球形，纵径17.6mm、横径18.9mm，平均单果重5.8g。果实表面紫红色，有光泽。风味甜酸、浓郁，果汁多。果肉红色，总糖含量9.44%，总酸含量1.62%。早实性较强，栽植后第3年开始挂果，第4年丰产。株产21.23kg（亩密度83株），亩产1 762.09kg。

奥 杰

4. 玫丽

来源：玫丽属欧洲酸樱桃（*Prunus cerasus*），为野生酸樱桃实生选育品种，并由西北农林科技大学选育审定。

主要性状：乔木，树冠高2.5～3.5m，树势中，树皮暗褐色。嫩枝无毛，绿色，成熟后转为红褐色。冬芽卵状椭圆形，无毛。叶片倒卵状椭圆形或卵形，长6～8cm、宽4～5cm，先端急尖，基部楔形常有2～4个腺，叶边有细密重锯齿，下面绿色，无毛，有侧脉7～9对。叶柄长2～3cm，托叶线形，边有腺齿。

在陕西省咸阳市三原县3月中旬萌芽，展叶期在3月下旬，开花初期3月28日左右，盛花期在4月2日左右。花瓣白色，花冠直径2.0～2.5cm，花柱与雄蕊近等长，无毛。自花授粉。果实早熟，在三原地区果实成熟期为5月中旬。果实扁球形，纵径1.72cm、横径1.92cm，单果重5g。表皮紫红色，有光泽。果实酸甜，果汁多，出汁率86.9%，颜色鲜红。总糖含量7.96%，总酸含量1.45%，可溶性固形物含量14.1%，可溶性蛋白含量1.87%，100g果肉维生素C含量14.90mg，铁含量57.8mg/kg，钙含量1 021.6mg/kg。适宜机械采收，是优良加工品种。

定植第3年开始结果，第4年进入盛果期，平均单株产量20.2 kg（密度1 245株/hm²）。抗旱、耐盐碱，抗裂果病，固地性强。

玫 丽

5. 红玉

来源：山东省果树研究所2005年从匈牙利引入的酸樱桃，通过多年评价，性状稳定，丰产稳产、抗逆性强。2014年6月通过省级同行专家验收，命名为红玉。

主要性状：树体健壮，树姿开张。一年生枝褐色，多年生枝为深褐色。叶片长倒卵圆形，叶基广楔形，先端骤尖，叶片平均长10.04cm、宽4.78cm。叶面无毛，叶被具稀疏茸毛。叶柄长1.43cm，具1～2个圆形蜜腺，红色或黄绿色。伞形花序，每个花芽1～5朵花，花瓣白色，花絮基部有1～3个叶状苞片。

中晚熟品种，在山东泰安地区6月上旬成熟。果实宽心脏形，个大、整齐度高，平均单果重6.24g。成熟时果实紫红色，果肉红色，可溶性固形物含量17.7%，可滴定酸含量1.69%，可食率94.8%，风味酸。离核，出汁率81.9%，方便加工。

红 玉

6. 秀玉

来源：山东省果树研究所2005年从匈牙利引进的酸樱桃。2014年6月通过同行专家验收，定名秀玉。

主要性状：树体健壮，树姿开张。多年生枝为深褐色，一年生枝褐色，新梢为绿色。叶片浓绿，椭圆形，叶片较小，叶基广楔形，先端骤尖，平均长9.91cm、宽4.67cm。叶面无毛，叶背具稀疏茸毛。叶柄长1.24cm，具2个圆形蜜腺，蜜腺前期黄绿色，后期部分为红褐色。伞形花序，每个花芽1～4朵花。

早熟品种，在山东泰安地区5月下旬成熟。果实近圆形，平均单果重5.5g，最大单果重7.3g。果实平均纵径1.8cm、横径2.2cm，果柄长3.4cm。果形指数0.82，果实整齐度高。成熟时果皮浓红色，果肉浅黄色。可溶性固形物含量18.6%，可滴定酸含量0.96%，出汁率83.4%。

秀 玉

第 5 部分

樱桃砧木品种

1. 兰丁1号 (*P. avium* × *P. pseudocerasus* cv. 'Landing 1')

来源: 甜樱桃品种先锋和中国樱桃种质对樱的远缘杂交后代, $2n = 24$, 原代号F8。主要用作甜樱桃砧木, 采用无性繁殖。北京市林业果树科学研究院育成。

主要性状: 树势较强, 树姿开张, 树冠半圆形。根系分布较深, 侧生性粗根发达, 其上着生较多须根。新梢先端嫩叶略带红色, 一年生枝黄绿色, 密被短茸毛, 皮孔较密。叶片长圆形, 叶基钝圆, 先端渐尖, 叶缘锯齿圆钝, 叶脉黄绿色, 叶面与叶背均具短茸毛。叶片大而薄, 平均长15.6cm、宽9.1cm, 边缘呈现波浪状, 不太平展。叶柄长1.9cm, 幼叶叶柄绿色, 略带红色, 基部着生2个肾形蜜腺, 黄绿色, 成龄叶蜜腺暗红色。花白色, 常见柱头外露现象。

该砧木为乔化砧木。根系有一定的抗根癌能力, 固地性好, 耐瘠薄, 抗褐斑病。嫁接树整齐度高, 形成树冠快, 3年见果, 5年丰产, 持续结果能力强, 无早衰现象。适合在我国甜樱桃适栽区域的山区、丘陵区等土壤瘠薄地区栽培。

兰丁1号

2. 兰丁2号 (*P. avium × P. pseudocerasus* cv. 'Landing 2')

来源： 甜樱桃品种先锋和中国樱桃种质对樱的远缘杂交后代，$2n = 24$，原代号F10。主要用作甜樱桃砧木，采用无性繁殖。北京市林业果树科学研究院育成。

主要性状： 树势较强，树姿开张，树冠半圆形。根系分布较深，粗根发达，须根较多，垂直夹角小。新梢先端嫩叶略带黄红色，一年生枝黄褐色，密被短茸毛，皮孔较密。叶片长圆形，叶基钝圆，先端渐尖，叶缘锯齿圆钝，叶脉黄绿色、较深，叶面与叶背均具短茸毛。叶片比兰丁1号略小，平均长11.7cm、宽7.2cm，边缘略呈现波浪状，不太平展。叶柄长1.4cm，底色为绿色，略带红色，着生2个肾形蜜腺，暗红色。花白色。

该砧木为乔化砧木。根系易于繁殖，固地性好，抗褐斑病，较耐重茬。嫁接树整齐度高，树势较兰丁1号中庸，早果性较好。适合在我国甜樱桃适栽区域的丘陵、平原等肥水条件一般的地区栽培。

兰丁2号

3.兰丁3号 *(P.cerasus×P.pseudocerasus* cv. 'Landing 3')

来源：酸樱桃品种ZY-1和中国樱桃种质对樱的远缘杂交后代，原代号H22。主要用作甜樱桃砧木，采用无性繁殖。北京市林业果树科学研究院育成。

主要性状：小乔木或灌木，树高5m左右，树姿开张。嫩梢花青苷显色程度浅，半木质化部位表现光滑，一年生成熟枝条灰白色，光滑。幼叶叶面与叶背均具稀疏短茸毛，叶柄黄绿色。成龄叶片长椭圆形，较厚，具光泽，绿色，颜色较深，叶片正背面均有稀疏短茸毛；叶片先端长，叶基广楔形或略凹，叶缘具粗重锯齿；叶片大，平均长11.2cm、宽6.8cm；叶柄长1.6cm，绿色；靠近叶基部位有2个黄绿色圆形蜜腺。

该砧木为乔化砧木。根系发达，易于繁殖，固地性好。嫁接树整齐度高，树势与兰丁2号相当，能够增加嫁接品种分枝数量。适合在我国甜樱桃适栽区域的丘陵、平原等肥水条件一般的地区栽培。

兰丁3号

4. 京春1号（*P. cerasus × P. pseudocerasus* cv. 'Jingchun 1'）

来源：酸樱桃品种ZY-1和中国樱桃种质对樱的远缘杂交后代，原代号H10。主要用作甜樱桃砧木，采用无性繁殖。北京市林业果树科学研究院育成。

主要性状：小乔木或灌木，树高5m左右，树姿开张。新梢先端嫩梢花青苷显色程度浅至中，半木质化部位表现光滑，一年生成熟枝灰白色，光滑，皮孔较稀疏。幼叶叶面与叶背均具短茸毛。成龄叶片近圆形，较厚，具光泽，叶脉绿色，较深；叶片先端长，叶基广楔形，叶缘具粗重锯齿，裂刻中至深；叶片平均长12.8cm、宽7.8cm；叶柄长1.6cm，绿色；紧邻叶基部位有2个黄绿色肾形蜜腺。

该砧木具有矮化性，较抗根癌病，嫁接亲和性好，早果性好。适合在我国甜樱桃适栽区域肥水中等及以上地区栽植。

京春1号

5. 京春2号 (*P.cerasus × P.pseudocerasus* cv. 'Jingchun 2')

来源: 酸樱桃品种ZY-1和中国樱桃种质对樱的远缘杂交后代,原代号H17。主要用作甜樱桃砧木,采用无性繁殖。北京市林业果树科学研究院育成。

主要性状: 小乔木或灌木,树高5m左右,树姿开张。嫩梢花青苷显色程度深,半木质化部位表现光滑,一年生成熟枝灰白色,光滑,皮孔较稀疏。幼叶叶面与叶背均具稀疏短茸毛,叶柄暗红色。成龄叶片长椭圆形,较厚,具光泽,绿色,颜色较深;叶片先端长,叶基广楔形,叶缘具粗重锯齿;叶片大,平均长15.6cm、宽9.9cm;叶柄长2.0cm,绿色;紧邻叶基部位有1～2个圆形蜜腺。

该砧木综合适应性好,耐涝性突出。具有早果矮化性,嫁接亲和性好,易于繁殖。适宜嫁接易形成花束状果枝的品种。适合在我国甜樱桃适栽区域肥水中等以上地区栽植。

京春2号

6. 京春3号 (*P. cerasus* × *P. pseudocerasus* cv. 'Jingchun 3')

来源：酸樱桃品种ZY-1和中国樱桃种质对樱的远缘杂交后代，原代号H11。主要用作甜樱桃砧木，采用无性繁殖。北京市林业果树科学研究院育成。

主要性状：小乔木或灌木，树高4m左右，树姿开张。嫩梢花青苷显色程度浅至中，半木质化部位表现光滑。一年生成熟枝灰白色，光滑，皮孔较密，节间较短。多年生枝因气孔横向发展呈现出明显的环状痕。幼叶叶面与叶背均具稀疏短茸毛。成龄叶片长椭圆形，较厚，具光泽，绿色，颜色较深；叶片先端长，叶基广楔形，叶缘具粗重锯齿，裂刻中；叶片大，平均长13.1cm、宽7.8cm；叶柄长1.7cm，绿色；靠近叶基部位有2个黄绿色肾形蜜腺。

该砧木综合适应性好，具有早果矮化性，嫁接亲和性好。适合在我国甜樱桃适栽区域肥水中等以上地区栽植。

京春3号

7. 马哈利 'CDR-1' (*P.mahaleb* cv. 'CDR-1')

来源：属于马哈利樱桃种（*Prunus mahaleb*），选自马哈利自然杂交种。由西北农林科技大学选育审定。

主要性状：乔木，树冠高达3.5～4.5m。小枝灰褐色，密被短柔毛。冬芽卵形，长3.1～5.0cm、宽1.7～3.5cm，先端急尖，基部圆形，边有圆钝锯齿，上面绿色无毛，下面淡绿色，被短柔毛。侧脉8～12对，背稀疏无毛或脱落几乎无毛。托叶卵状披针形，边有腺齿。花序伞房总状，基部有2～3片退化小叶，花序长4～5cm，5～8朵花。花梗长1.0～1.5cm，无毛。花瓣白色，倒卵形，先端圆钝。雄蕊20～25枚，稍短于雌蕊。子房无毛，柱头头状。

在西安地区3月上旬萌芽，展叶期和初花期在3月中旬，6月下旬成熟。萌芽力和成枝力强，6年生树高4m，南北冠径4.26m，东西冠径4.14m，干高55.04cm，干周47.36cm，单株产种量5.34kg。

马哈利 'CDR-1'

8. 马哈利'CDR-2'(*P.mahaleb* cv.'CDR-2')

来源：母本为马哈利CDR-1，父本为草原樱桃（*Prunus fruticosa*），由西北农林科技大学选育审定。

主要性状：灌木，树冠高达2～3m。小枝灰褐色，密被短柔毛。冬芽卵形，长3.1～5.0cm、宽1.7～3.5cm，先端急尖，基部圆形，边有圆钝锯齿，上面绿色无毛，下面淡绿色，被短柔毛；侧脉8～12对，背稀疏无毛或脱落几乎无毛。托叶卵状披针形，边有腺齿。花序伞房总状，基部有2～3片退化小叶，花序长4～5cm，5～8朵花。花梗长1.0～1.5cm，无毛。花瓣白色，倒卵形，先端圆钝。雄蕊稍短于雌蕊。子房无毛，柱头头状。

在西安地区3月上旬萌芽，展叶期和初花期在3月中旬，6月中下旬成熟，果实成熟度不一致。萌芽力和成枝力强，5年生树高2～3m，南北冠径2.13m，东西冠径2.07m，干高30cm，干周24.5cm。

马哈利'CDR-2'

9. 烟樱1号（*P. pseudocerasus* cv. 'Yanying 1'）

来源：山东省烟台市农业科学研究院育成，为大青叶芽变选育，$2n = 32$。

主要性状：树势较强，为乔化砧木，根系分布较深，须根发达。

新梢先端嫩叶紫红色，叶脉明显，叶面与叶背均具短茸毛，叶柄1.2cm左右，叶片长卵圆形，具细锯齿，有急尖，叶片长13.8cm左右、宽8.0cm左右。枝条较光滑，分枝少。节间长度2.8cm左右。一年生枝灰绿色，多年生枝灰褐色。不同年份物候期略有差异，在烟台地区3月下旬萌动，3月底至4月初盛花，花期5～7d，花白色。4月初展叶，11月中下旬落叶。

烟樱1号与美早、萨米脱、黑珍珠和桑提那等多个甜樱桃品种具有良好的嫁接亲和性，目前尚未发现嫁接不亲和现象。多次室内和田间接种根瘤致病菌实验结果表明，烟樱1号对根瘤病抗性比大青叶强。

烟樱1号

10. 烟樱2号 (*P.serrulata* cv. 'Yanying 2')

来源：山东省烟台市农业科学研究院育成，亲本为山樱花实生选育，2*n* = 32。

主要性状：树势中庸，为乔化砧木，主根明显，侧根发达。

新梢先端嫩叶绿色，叶脉明显，叶柄长2.0cm左右，叶片长倒卵圆形，具细锯齿，有渐尾尖，叶片长14.8cm左右、宽7.3cm左右。枝条较光滑，有分枝。节间长3.0cm左右，一年生枝浅褐色。不同年份物候期略有差异，在烟台地区3月中下旬萌动，3月底至4月初盛花，花期5 ~ 7d，花白色。4月初展叶，11月中下旬落叶。

以烟樱2号为砧木嫁接甜樱桃品种，嫁接苗长势好，树势中庸，较适宜温暖湿润的平原地区樱桃栽培。

烟樱2号

11. 烟樱3号 (*P.pseudocerasus* cv. 'Yanying 3')

来源：山东省烟台市农业科学研究院育成，通过大青叶田间选优选育，2n = 32。

主要性状：该砧木为乔化砧木，根系发达，须根多，固地性强，并呈多层分布。

叶片椭圆形，大而厚，长15.11cm、宽9.53cm。叶片浓绿色，叶绿素含量为3.65mg/g。叶片表面密被细短茸毛，蜜腺小而少。叶柄中短，长2.12cm，浅绿色，分枝少。在烟台地区3月底至4月初芽萌动，4月中旬开花，花期5～7d，11月中旬落叶。

烟樱3号砧木根系发达，固地性强，通过压条易繁殖，嫁接美早、萨米脱、黑珍珠等大樱桃亲和性好、无大小脚病，园相整齐，综合性状优良。

烟樱3号

12.Y1

来源：四倍体，山东省果树研究所育成，系吉塞拉6号与甜樱桃品种红灯的杂交后代。

主要性状：树高3.0～3.5m。枝条粗壮，多年生枝条颜色为红褐色，开张角度较大，皮孔稀、大，扁圆形，节间长约3.0cm。新梢颜色为黄褐色，被短茸毛。冬芽卵圆形，褐色，无毛。叶片较吉塞拉6号大而厚，长椭圆形，先端急尖，基部圆形，无光泽，叶脉粗。每个花芽2～4朵花。花瓣较吉塞拉6号大，倒卵圆形，白色。

Y1的嫁接亲和性高于吉塞拉6号，嫁接在Y1砧木的甜樱桃早大果一年生苗接穗直径/砧木直径为1.024，与吉塞拉6号相比无小脚现象，即砧木与接穗生长发育同步，亲和性好。

Y1生长势强，生长速度快。一年生Y1平均株高为180.15cm，距地面20cm处茎粗1.2cm，显著高于吉塞拉6号，嫁接品种后的树体大小介于吉塞拉6号与Colt之间。Y1距地面20cm处直径和节间明显大于吉塞拉6号，分别约为1.2cm和2.486cm。早实性、丰产性强，适应性广，抗逆性强。

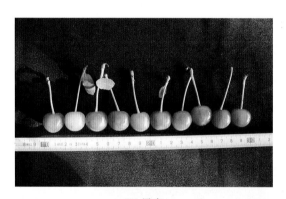

Y1果实

Y1试管苗田间生长状况

Y1嫁接甜樱桃品种红蜜4年生树

13. 矮杰

来源：四倍体，山东省果树研究所育成，亲本为吉塞拉6号的六倍体。

主要性状：树高3～4m，树势强，树姿半开张。主干红褐色、粗糙。一年生成熟枝红褐色，皮孔长扁圆形，多年生枝红褐色。新梢花青苷显色深，枝条密被茸毛。成熟叶片椭圆形，平均长9.45cm、宽6.25cm，长宽比1.51，叶片平展，叶缘具粗重锯齿，叶片基部的锯齿顶端具有黄色或者紫红色腺体。初展叶片红褐色，叶脉红色或黄色。成熟叶片叶柄长1.40cm，红色，紧邻叶基部位有2～4个肾形蜜腺，托叶狭针形。伞形花序，花序基部有鳞片包被，内部2～3片鳞片叶状，花序长4.5～6cm，2～3朵花。花梗长2～3cm，无毛。花瓣白色。雄蕊25～35枚，稍长于雌蕊。有极少量果实。

经多年观察，矮杰砧木苗遗传性状稳定，生长健壮、整齐度好，相对于吉塞拉5号、吉塞拉6号扦插易成活，繁殖系数高，与多数甜樱桃品种亲和性好、出苗率高。矮杰作为砧木时，树势旺、小脚现象轻、早花早果性好；矮化性能好，与吉塞拉6号矮化性能一致；抗逆性好，耐涝性强，抗流胶病能力强。

矮杰扦插繁育

矮杰花期

来源：三倍体，山东省果树研究所育成，为吉塞拉6号和甜樱桃品种拉宾斯的远缘杂交后代。

主要性状：小乔木或灌木，树高1.5～2.0m，树姿开张，主干红褐色、粗糙；一年生成熟枝米灰色，皮孔圆形、密，无毛，多年生枝红褐色。新梢花青苷显色浅。成熟叶片长椭圆形，平均长9.04cm、宽5.21cm，长宽比1.74，叶片不平展，叶缘具钝重锯齿，叶片基部的锯齿顶端具有黄色或者紫红色腺体。初展叶片黄绿色，有光泽，正面与背面均有短茸毛。成熟叶片叶柄长1.33cm，红色或黄绿色，紧邻叶基部位常有2个肾形蜜腺，托叶狭针形，基部略大。伞形花序，花序基部有鳞片包被，内部3～4片鳞片叶状，花序长3～4cm，2～3朵花。花梗长1.5～2.0cm，无毛。花瓣白色。雄蕊25～35枚，稍长于雌蕊。无果实。

矮特生长势弱，嫁接甜樱桃品种后成花易，早实丰产性强。采用芽苗建园，定植后5年树高约1.7m，冠径1.4m，距地面15cm处干周长16cm，当年生新梢生长量到44cm，分别占吉塞拉5号的68%、60%、61.5%和59%，是极矮化砧木。

实验证实，矮特在耐旱性、耐盐性方面比吉塞拉5号、6号矮化砧木表现优良。

矮特开花状　　　　　　　4年生吉塞拉5号和矮特砧萨米脱（左为吉塞拉5号，右为矮特）

图书在版编目（CIP）数据

中国主要樱桃品种 / 闫国华，张开春主编.—北京：
中国农业出版社，2022.4
ISBN 978-7-109-29285-7

Ⅰ.①中… Ⅱ.①闫… ②张… Ⅲ.①樱桃－品种－
中国 Ⅳ.①S662.5

中国版本图书馆CIP数据核字（2022）第055853号

中国农业出版社出版

地址：北京市朝阳区麦子店街18号楼
邮编：100125
责任编辑：史佳丽　黄　宇
版式设计：杜　然　　责任校对：刘丽香　　责任印制：王　宏
印刷：北京通州皇家印刷厂
版次：2022年4月第1版
印次：2022年4月北京第1次印刷
发行：新华书店北京发行所
开本：889mm×1194mm　1/16
印张：10
字数：285千字
定价：149.00元

版权所有·侵权必究

凡购买本社图书，如有印装质量问题，我社负责调换。

服务电话：010－59195115　010－59194918

—